校企合作系列

软件技术专业

Practice of Software Testing Projects

软件测试项目实践

主　编　孙富菊

副主编　夏健爽　倪　焱

合作企业

宜软检测
Esoft Test Technology

上海宜软检测技术有限公司

WUHAN UNIVERSITY PRESS
武汉大学出版社

图书在版编目(CIP)数据

软件测试项目实践/孙富菊主编 . —武汉:武汉大学出版社,2021.1
校企合作系列丛书.软件技术专业
 ISBN 978-7-307-21995-3

Ⅰ.软…　Ⅱ.孙…　Ⅲ.软件—测试　Ⅳ.TP311.55

中国版本图书馆 CIP 数据核字(2020)第 239516 号

责任编辑:李嘉琪　　　责任校对:周卫思　　　装帧设计:吴　极

出版发行:**武汉大学出版社**　　(430072　武昌　珞珈山)
　　　　(电子邮箱:whu_publish@163.com　网址:www.stmpress.cn)
印刷:武汉兴和彩色印务有限公司
开本:787×1092　　1/16　　印张:14.75　　字数:336 千字
版次:2021 年 1 月第 1 版　　2021 年 1 月第 1 次印刷
ISBN 978-7-307-21995-3　　　定价:45.00 元

前　言

软件测试贯穿整个软件生命周期,目的是保障软件产品质量。随着软件系统规模、类别及复杂性的增加,社会对专业、高效的软件测试需求越来越大,对软件测试相关人才的需求也越来越大。

本书编写的总体目标:通过项目驱动的实践操作,熟悉软件测试流程及规范,按照企业实际工作测试任务要求,指导学生按时完成测试工作过程的各项任务,让学生在实践的过程中掌握操作方法和技能,将理论、方法和实践深度融合,能基本胜任软件测试员的工作。

本书采用校企合作模式,由具有丰富教学经验的高校教师和具有丰富实践经验的企业工程师合作编写。编者在编写过程中融入了多年的软件测试课程教学经验和企业软件测试工作的实践经验。本书在编写过程中,注重内容的先进性,将软件测试的新概念、新技术、新方法编入其中。在内容安排上,由易到难、深入浅出,注重专业技能提升,强化分析问题和解决问题的能力,将知识理解和实践应用有机融为一体。

本书全面、系统地介绍了软件测试的执行方法和应用。具体内容安排如下:

第1章是软件测试行业前景分析及企业人才需求,介绍软件测试在软件行业中的地位及发展前景、软件测试企业人才需要具备的能力,让学生形成对软件测试工作的宏观认识,培养其良好的职业素养。

第2章是软件测试流程及相关规范,从传统软件测试模型出发,引入企业实际执行的软件测试流程,进而引入软件测试质量标准、相关规范等内容。

第3章是测试方案及测试用例编写,为软件测试最基本的组成部分,结合具体项目,按照企业的模式,分析软件需求,编写测试方案,并按照企业的设计方式,让学生参与企业实际的测试用例设计与管理,熟练掌握各种用例编写的方法与技巧,培养学生独立设计项目测试用例的能力。

第4章是Web应用性能测试,结合学生信息管理系统,使用自动化测试工具进行自动化测试,按照软件性能测试任务书要求,执行性能测试;针对常见性能指标,使用性能测试工具LoadRunner和JMeter,录制脚本、回放脚本、配置参数、设置场景、执行性能测试。

第5章是缺陷编写及管理,就学生如何有效管理信息管理系统测试执行中发现的缺陷进行系统讲解。运用禅道缺陷管理工具,对学生信息管理系统测试过程中出现的缺陷，从缺陷编写、缺陷报告提交、缺陷分配、缺陷报告审核、缺陷处理到验证和关闭缺陷，全流程实践学习。

第 6 章是软件测试质量分析报告，主要结合学生信息管理系统项目测试，撰写软件测试质量分析报告，参考相应模板对整个测试过程进行检查、评估和分析。

第 7 章是 Web 应用自动化测试，软件自动化测试是未来软件测试发展的方向，结合具体项目，使用自动化测试工具进行自动化测试，按照系统自动化测试任务书要求，执行自动化测试：测试环境的搭建与配置、脚本数据的自动生成、测试数据的自动产生、测试步骤的自动执行、测试结果的分析等。

每章节后都附有总结和思考题目。

本书最后，将被测项目"学生信息管理"系统测试执行过程中的所有相关文档以附录形式展现，包含学生信息管理系统需求规格说明书文档、测试方案、测试计划、需求确认表、测试用例、缺陷统计报告、测试总结报告等，此外，根据学习需要还附有软件测试常用的中英文术语等内容。

本书由孙富菊任主编，夏健爽、倪焱任副主编，谢靖、许志刚任参编。本书在编写过程中得到了单位、合作企业和出版社多方面的支持、指导和帮助，在此一并表示感谢。

本书参考了软件测试的相关书籍及互联网的一些相关资料，在此对各位作者表示深深的谢意。

尽管编者以认真、严谨的态度完成了本书的编写，但是由于时间和水平有限，书中难免出现一些疏漏，恳请读者指正。

编　者

2020 年 7 月

目　　录

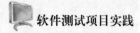

数字资源目录   微课视频

第1章 软件测试行业前景分析及企业人才需求

人生中有很多选择的机会,不同的阶段需要做出不同的选择。在学习阶段,专业的选择是开启新生活的基础;在工作阶段,职业的选择是走向新生活的第一步。在做出选择前,应先了解即将踏入的领域的由来、现状、前景,去接受它、钻研它,并坚定不移地走下去,让工作成为被热爱的并充满乐趣的活动。

1.1 软件测试行业的由来、现状和前景

1.1.1 软件测试行业的由来

20 世纪 50 年代,软件随着计算机的问世而诞生,软件产业从零起步,在短短的数十年里迅速成为推动人类社会发展的巨头产业。随着信息产业的发展,人类社会对软件质量越来越重视。

过去,软件仅是由程序员编写的,程序员不仅担负着编写代码的工作,还肩负着测试程序代码、保证代码质量的职责。实际上,此时程序员所做的代码测试工作并非真正意义上的软件测试,他们所做的工作从本质上来说应该称作"调试"。

随着信息化产业的发展与壮大,程序的规模经历了多次爆炸式的增长,软件的复杂度一次次增加。此时,软件不再是一个只有程序员自己能够理解的"黑盒子",如何在软件自身技术和用户特定需求间保持平衡,成为软件行业追寻的目标。而区别于"调试"的软件测试作为度量软件与用户需求间差距的手段也就登上了历史舞台。

软件测试活动的出现,使程序员能够专心地开发代码、优化算法,并及时地修复测试人员所发现的代码缺陷,提高其工作效率。同时,各司其职的分工方式,也更适合当今社会的发展模式。

迄今为止,软件测试的发展一共经历了五个重要时期:

1957 年之前以调试为主:计算机诞生之初,只有科学家级别的人才会去编程,需求和程序本身也远没有现在这么复杂多变,开发人员一人承担需求分析、设计、开发、测试等所有工作,自然不会有人去区分调试和测试。

1957—1978 年以证明为主:1957 年,Charles Baker 在他的一本书中对调试和测试进

行了区分(调试:确保程序做了程序员想让它做的事情。测试:确保程序解决了它该解决的问题)。这是软件测试史上一个重要的里程碑,标志着测试终于受到重视。这个时期测试的主要目的就是确认软件是满足需求的,也就是常说的"做了该做的事情"。

1979—1982年以破坏为主:1979年,Glenford J. Myers 在《软件测试的艺术》中提出:测试是为发现错误而执行程序的过程。测试不仅要证明软件做了该做的事情,还要保证它没做不该做的事情,这使测试更加全面,更容易发现问题。

1983—1987年以评估为主:1983年,测试界很有名的两个名词:"验证"和"确认"被提出。在这个时期,国际性的测试会议和活动正式开启,大量测试刊物发行,测试国际标准相继发布,以上种种都预示着:软件测试正作为一门独立、专业、具有影响力的工程学发展起来。

1988年至今以预防为主:STEP(Systematic Test and Evaluation Process,系统化测试和评估过程)是最早的一个以预防为主的生命周期模型。STEP 认为测试与开发是并行的,整个测试的生命周期也是由计划、分析、设计、开发、执行和维护组成,也就是说,测试不是在编码完成后才开始介入的,而是贯穿整个软件生命周期。没有完美的软件,零缺陷是不可能的,软件测试需要尽早介入,尽早发现明显或隐藏的缺陷,发现得越早,修复的成本越低,产生的风险也越小。

1.1.2 软件测试行业的现状和前景

2020年全国两会多次提及"信息化产业",涉及基础建设、互联网及网络安全、个人信息安全等,可见现在社会已经离不开信息化软件产业。软件测试作为软件质量的把关人,在时代的推动下越来越被重视,可以预见的是,随着我国数字化建设的发展,电子、教育、工业控制等行业对于软件测试人才的需求量将不断扩大。

据智联招聘调查数据显示,我国软件测试人才需求量已突破30万人并逐年扩大。这一现象背后的主要原因是,随着软件行业竞争的加剧和用户对于软件产品质量意识的逐渐提升,国内软件企业都在加大对软件质量管理的投入。我国软件行业起步较晚,大量软件企业在发展初期往往重开发而轻测试,软件质量管理意识薄弱,为抢占市场和降低运营成本,片面追求软件开发的"短平快",不少企业因软件产品质量问题而生存极其困难。

随着市场的推动,近两年各大院校、培训机构开始设立软件测试专业课程,以满足市场需求,软件测试已不再是软件开发的附属品。

目前,软件测试具有良好的发展空间和独特的职业优势,除了软件测试人才需求量越来越大的特点外,其职业优势还体现在以下几个方面。

①入门简单:对入门级的软件测试人员来说,通过软件测试理论和技术的短期、系统化学习,可以胜任初步的测试执行工作。

②技术压力较小:软件测试工作对测试人员的耐心、逻辑能力、沟通与交流能力等相对偏重,技术压力相对较小。

③职业生涯长:软件测试工作要求经验和耐心,随着测试经验的不断丰富与积累,职业价值会越来越高。

④职业发展多元化:职业空间广阔。测试人员不但需要对软件的质量进行检测,还能接触与软件相关的各行各业,项目管理、沟通协调、需求分析等能力都能得到很好的锻炼,从而为自己的多元化发展奠定基础。

随着实验室认可领域《检测和校准实验室能力认可准则在软件检测领域的应用说明》(CNAS-CL01-A019:2018)的单独提出与软件测试行业标准的推出,预示着社会对软件测试行业和测试人员的要求越来越高。下面简单介绍一下软件测试行业的相关认证和测试经验分享活动。

软件测试行业有国家认证的软件评测师、信息系统项目管理师,还有国际上的ISTQB(国际软件测试资质认证委员会)认证、PMP(项目管理专业人士资格认证)。

①软件评测师考试是全国计算机技术与软件专业技术资格(水平)考试(以下简称计算机软考,访问地址:http://www.ruankao.org.cn/)中的一个中级水平考试,在软件测试行业认可度比较高,适用范围为国内。计算机软考属于专业水平的国家品牌考试,试题注重岗位知识和技能测试,综合性和灵活性强,创意多,如果有实际的工作经验,通过率就比较高。

②信息系统项目管理师是计算机软考中的高级水平测试,对综合素质要求高,以计算机基础技术为依托,考查项目管理方面的内容,覆盖面较广,有一定难度,但是没有任何报名条件要求。

③ISTQB认证作为国际性的软件测试工程师认证,包括基础级、高级、专家级,社会认可度较高,适用范围为国际。越来越多的跨国公司和从事软件测试外包的公司要求软件测试人员获得ISTQB认证。

④PMP考试是由美国项目管理协会(PMI)发起的,严格评估项目管理人员知识技能是否具有高品质的资格认证考试。要想获得PMP,考生须达到美国项目管理协会规定的项目管理专业知识及其相应的工作经验和要求;另外,获得PMP的专业人员应继续从事项目工作,以不断适应项目管理的发展。

软件测试行业每年均会组织不同的测试经验交流、分享活动,代表性的有"CSTQB®国际软件测试高峰论坛""Testner全球软件测试高峰论坛",部分高峰论坛可免费报名参加。

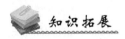 知识拓展

软件失效案例

案例一:Therac 25放射治疗仪事故

Therac系列仪器是由加拿大原子能有限公司(AECL)和法国CGL公司联合制造的一种医用高能电子线性加速器,用来杀死病变组织癌细胞,同时使其对周围健康组织影响尽可能降低,Therac 25放射治疗仪属于第三代医用高能电子线性加速器。20世纪80年代中期,Therac 25放射治疗仪在美国和加拿大发生了多次医疗事故,造成了不同程度的人员损伤。

Therac 25放射治疗仪的事故据通报是由操作员失误和软件缺陷共同造成的。当操

作员输入错误而马上纠正时,系统显示错误信息,操作员不得不重新启动机器。在启动机器时,计算机软件并没有切断 X 光束,病人一直在治疗台上接受着 X 光照射,从而导致辐射剂量达到饱和,超出人体可接受范围。

(来源:https://www.cnblogs.com/qiangliu/p/4311973.html)

案例二:跨世纪千年虫问题

计算机 2000 年问题,又叫作"千年虫""电脑千禧年千年虫问题"或"千年危机"。其是指在某些使用了计算机程序的智能系统(包括计算机系统、自动控制芯片等)中,2000年之前时间表示是用 YYMMDD 这种方式,用二位 10 进制数据表示的,但是到 2000 年时,两位数的表示就会出现争议,争议到底是 1900 年还是 2000 年,甚至在闰年的判断上也会出现争议,特别是一些需要跨时间计算的数据,这样会导致系统出现"千年虫"等问题。后续就采用了 YYYYMMDD 的表示方法。因此,从根本上说,"千年虫"是一种程序处理日期上的 Bug(计算机程序故障),而非病毒。

(来源:https://zhuanlan.zhihu.com/p/24942471? refer=freebuf)

案例三:东京证券交易所股票交易系统故障

2005 年 11 月 1 日,日本东京证券交易所股票交易系统发生大规模系统故障,导致所有股票交易全面告停,短短 2 个小时造成了上千亿元的损失。故障原因是当年 10 月为增强系统处理能力而更新的交易程序存在缺陷。由于系统升级造成文件不兼容,因此影响了交易系统的使用。

(来源:https://www.cnblogs.com/qiangliu/p/4311973.html)

案例四:2011 年温州"7·23"动车事故

2011 年 7 月 23 日 20 时 30 分 05 秒,甬温线浙江省温州市境内,由北京南站开往福州站的 D301 次列车与杭州站开往福州南站的 D3115 次列车发生动车组列车追尾事故,造成不同程度的人员损伤,中断行车 32 小时 35 分,直接经济损失 19371.65 万元。

上海铁路局局长安路生于 28 日说,根据初步掌握的情况分析,"7·23"动车事故是由于温州南站信号设备在设计上存在严重缺陷,遭雷击发生故障后,导致本应显示为红灯的区间信号机错误显示为绿灯。

(来源:http://news.cntv.cn/20110728/109041.shtml)

案例五:12306 火车票网上订票系统

国内 12306 火车票网上订票系统历时两年研发成功,耗资 3 亿元人民币,于 2011 年6 月 12 日投入运行。2012 年 1 月 8 日春运启动,9 日网站点击量超过 14 亿次,系统出现网站崩溃、登录缓慢、无法支付、扣钱不出票等严重问题。2012 年 9 月 20 日,由于正处中秋和"十一"黄金周,网站日点击量达到 14.9 亿次,发售客票超过当年春运最高值,再次出现网络拥堵、重复排队等现象。其出现故障的根本原因在于系统架构规划以及客票发放机制存在缺陷,无法支持如此大并发量的交易。

2014 年春运火车票发售期间,由于网站对身份证信息缺乏审核,用虚假的身份证号可直接购票,因此"黄牛"利用该漏洞倒票。另外,在线售票网站还曝出大规模串号、购票日期"穿越"等漏洞。

(来源:https://www.cnblogs.com/qiangliu/p/4311973.html)

通过以上的例子,可以看出软件发生错误会对社会造成各种影响,有的甚至会带来灾难性的后果。可以肯定的是,严格的软件测试可以极大地降低故障发生率及减少因此引发的种种恶果,它在一定程度上解放了程序员,同时也减轻了售后服务人员的压力,使交付的软件产品是经过严格检测的完整产品。

软件失效的原因有很多,表 1-1 是行业内资深专家总结的软件失效的原因列表,软件测试人员在项目中应该谨记。考虑的潜在软件失效原因越多,软件就越不易失效。

表 1-1   **软件失效原因总结**

序号	软件失效原因
1	对意外的操作或条件估计不足、数据输入错误、错误的输出解释
2	软件复杂度、非线性(多线程)软件
3	与外设接口动作异常、硬件或操作系统与软件不兼容
4	管理不规范、风险分析不充分、对缺陷的敏感度弱
5	市场分析不足、业务不熟练、测试不充分、粗心大意
6	对软件过于自信、缺乏生产高质量软件的市场或法律压力

1.2 软件测试简述

1.2.1 认识软件测试

(1)软件测试的定义

软件测试的定义目前没有特别的标准:

早期的定义:软件测试是对程序能够预期运行建立起一种信心。

经典定义:测试是为了发现错误而执行程序的过程。

电气和电子工程师协会(IEEE)定义:使用人工或者自动的手段来运行或测量软件系统的过程,以检验软件系统是否满足规定的要求,并找出与预期结果之间的差异。

(2)软件测试的意义

软件测试的意义可以总结为如下几点:

①对软件系统和文档进行严格测试,可以减少软件系统在运行环境中的风险;

②在软件正式发布之前发现和修改缺陷,可以提高软件系统质量;

③满足合同或法律法规的要求;

④满足行业标准的要求。

(3)软件测试的误区列举

①测试跟调试是一样的(注:但实际是不一样的,测试是发现问题,调试是解决问题);

②软件产品出现质量问题找测试,测试组应为保证质量负全责;

③软件没有缺陷,开发人员做过测试,不需要测试团队;

④没有测出问题的测试是无效的;

⑤软件测试在软件交付前进行;

⑥只做正向测试,不做反向测试。

1.2.2 软件测试的目的

软件测试的最终目的是保证软件质量,检测软件是否满足客户需求,并利用有限的资源尽早、尽可能多地发现缺陷,以降低软件投产时的成本,增加对软件的信心。对软件测试数据的分析,可以帮助项目组定位软件研发的薄弱点、需求难点、软件规模,为决策提供信息。根据软件项目阶段的不同,测试目的大致有如下几点,如图 1-1 所示。

①预防缺陷;

②发现缺陷;

③保证软件质量,满足客户需求;

④为决策提供依据。

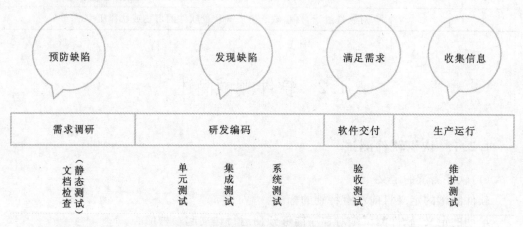

图 1-1　不同项目阶段的测试目的

另外,对于软件测试的目的,Grenford J.Myers 曾提出:

①测试是程序的执行过程,目的在于发现错误;

②一个好的测试用例在于能发现至今未发现的错误;

③一个成功的测试是发现了至今未发现的错误的测试。

需要注意的是:测试是程序的执行过程,目的在于发现错误,但发现错误并不是唯一目的。

1.2.3 软件测试的原则

软件测试行业中,普遍认为软件测试原则有如下六种:

(1)没有缺陷的软件是不存在的

测试只能证明软件中存在缺陷,但并不能证明软件中不存在缺陷。软件测试是为了降低存在缺陷的可能性,即便是没有找到缺陷,也不能证明软件是完美的。没有缺陷的软件是不存在的。

（2）穷尽测试是不可能的

软件的规模、复杂度等都是测试工作量要考虑的因素，即使是一个一般体量的软件，想对它所有的输入、路径分支等进行组合穷举测试也是不可能的。在实际测试工作中，测试人员可以根据风险和优先级来进行集中和高强度的测试，从而保证软件的质量。

（3）测试应该尽可能早地介入软件项目

在软件项目的全生命周期内，前期需求确认是对业务熟悉的最好阶段，也是能在较少成本下发现缺陷的最好时机，在这个阶段，测试人员可以提出各项目阶段测试执行所需的文件类型，最大限度地保证后续测试的顺利进行。既可以尽早发现缺陷，又可以降低成本和风险，还可以保障测试的后续工作。

（4）缺陷集群性（2/8 原则）

软件测试中存在 Pareto 原则，即 80％的缺陷在 20％的模块中被发现，一个功能模块发现的缺陷数量越多，那存在的未被发现的缺陷的可能性也越大。这也导致缺陷产生了关联性，在对某个功能进行修改后，需要对该功能的关联项进行再测试，以保证软件的功能真正地被修复。

（5）杀虫剂悖论

反复使用相同的杀虫剂会导致害虫对杀虫剂产生免疫而无法杀死害虫。软件测试也一样。如果一直使用相同的测试方法或手段，可能无法发现新的缺陷。重复执行相同的或同等效力的用例是没有意义的，为了解决这个问题，测试用例应当定期修订和评审，增加新的或不同的测试用例帮助发现更多的缺陷。

（6）测试活动依赖客户业务

根据客户业务的不同，软件测试的偏重点也不同。不同行业有不同的业务需求，例如，政府宣传行业注重软件安全性，电商行业注重功能及性能效率，游戏软件行业要考虑客户端的兼容性等，测试所选取的技术和工具也会存在差异。

从测试的实际执行角度还可以将如下几条作为测试原则：

（1）以客户需求作为测试依据

以客户最初立项时所订立的需求文件作为测试工作的主要依据，研发需求规格说明书作为辅助测试的文件，测试的需求范围需取两者的最大集合进行确认。实际系统中实现的非客户需求功能也需要进行确认和测试。

（2）正向测试和反向测试

测试用例需要设计正向用例和反向用例，正向用例需全面，反向用例与正向用例至少保持 1：5 的比例。特别需要注意模块关联性的测试用例设计。

（3）缺陷定位准确

测试人员发现缺陷后，首要做的任务是截图保存，并进行缺陷复现。复现的原则是尽可能准确地确定缺陷发生的输入条件，定位缺陷。缺陷确定后需描述准确并配图保存。

（4）测试人员要保持怀疑的态度

测试人员对被测软件要保持怀疑的态度，在充分了解业务及需求的基础上进行测试，对缺陷敏感，如有问题及时上报；对已经发现的缺陷，如果与开发人员或其他人员产生分歧,应保持怀疑的态度,并积极地分析原因。

(5)测试记录的配置管理

测试结束后要进行测试总结,检查测试过程中产生的记录文件是否完整并及时地保存归档,尤其是工具产生的原始记录,这些文件是测试追溯和维护的基础。

1.2.4 软件测试的三要素

软件测试的三要素包括功能框架、测试用例、缺陷记录。

(1)功能框架

功能框架是产品的骨骼,有了正确的骨骼才能支持复杂的活动。一般情况下,软件产品或系统的总功能可分解为若干分功能,各分功能又可进一步分解为若干二级分功能,如此继续,直至各分功能分解为功能单元为止。这种由分功能或功能单元按照其逻辑关系连成的结构称为功能结构。分功能或功能单元的相互关系可以用图来描述,表达分功能或功能单元相互关系或从属关系的图称为功能结构图。

在测试工作初期,最重要的工作就是测试需求分析,明确测试内容,这一步的关键就是建立功能框架。在熟悉软件、了解业务的基础上,将文档内容转化为产品功能构架图,也叫信息架构设计图,是指对产品功能的结构进行系统级、模块级梳理,在对软件有整体认识的基础上进行软件功能的细化。

在功能构架图完成的基础上就可以建立完备的功能框架。功能框架需要根据客户立项时的需求文件、开发的需求规格说明书、实际系统实现的功能进行汇总、比对,完成测试需求确认的同时进行静态测试,发现需求层面的缺陷;通过收集的开发文件了解软件内部接口设计、外联系统接口设计,并将接口信息补充到功能构架图或标记到功能框架文档;通过客户文件了解软件业务流程需求,并将业务流程信息添加到功能框架文档,这样最初的功能框架就具备雏形了。功能框架是所有测试活动的基础,它确认了软件范围,是后续测试用例设计、功能测试执行、非功能测试执行的有效依据。

(2)测试用例

测试用例是将软件测试的行为活动做一个科学化的组织归纳,目的是将软件测试的行为转化成可管理的模式,将测试系统的操作步骤按照一定的格式用文字描述出来。同时,测试用例是将测试工作量化的方法之一。测试用例体现测试方案、方法、技术和策略。其内容包括测试目标、测试环境、输入数据、测试步骤、预期结果、测试脚本等,最终形成文档。简单地说,测试用例是为某个特殊目标而编制的一组测试输入、执行条件以及预期结果,用于核实是否满足某个特定软件的需求。

在软件测试中如何以最少的人力、资源投入,在最短的时间内完成测试,发现软件系统的缺陷,保证软件的优良品质,是软件公司探索和追求的目标。影响软件测试的因素很多,如软件本身的复杂程度、测试方法、技术的运用等。有些因素是客观存在、无法避免的;有些因素则是波动的、不稳定的。例如,测试队伍是流动的,有经验的测试人员走了,新人不断补充进来,等等。有了测试用例,无论是谁来测试,参照测试用例实施,都可以尽可能地保障测试的质量。即便最初的测试用例考虑不周全,随着测试的进行和软件版本更新,其也将日趋完善。

测试用例设计是根据功能框架进行的,编写完成后通过用例评审的方式将不同测试人员的测试思路以书面的形式展现出来,便于有经验的测试人员了解或纠正测试中可能产生的不足;单个项目的测试用例可以保证软件测试的连续性,掌握测试进度,多个项目测试用例可以通过日积月累的方式建立一个测试用例数据库,便于提升新人员的测试能力,为测试人员提供隐性的支持。

测试用例的设计和编制是软件测试活动中最重要的。测试用例是测试工作的指导,是软件测试必须遵守的准则,更是软件测试质量稳定的根本保障。

根据以上信息总结测试用例的作用如下:

①测试思路共享,避免遗漏:将测试人员的测试思路通过多个项目的积累建立测试用例数据库,形成共享机制,同时能够使测试用例数据库得到不断的补充。

②指导实施:测试用例用于指导测试人员的实践,并通过测试用例的执行发现缺陷,而不是限制测试人员的思维。测试人员在进行现场实施的过程中需要根据实际情况对测试用例进行必要的补充。

③了解测试进度:通过测试用例的执行情况可以直观地看出测试工作的重点和测试完成情况。

④可重复使用:测试活动是以组为单位的,基本上单个系统不是一个人测试一遍就可以完成的,需要多人反复地进行测试,这样就需要测试用例来规范和指导测试人员的测试行为。但是根据测试行业的基本原则,在一段时间内要对测试用例进行重新评审、更新。

⑤测试用例库:多个项目测试用例可以通过日积月累的方式建立一个测试用例数据库,便于提升新人员的测试能力,为测试人员提供隐性的支持。

⑥测试总结的基础:测试总结时通过测试用例的执行情况可以统计测试用例的执行百分比及补充测试用例的比例;将缺陷与测试用例进行比对,分析缺陷的分布情况。

(3)缺陷记录

软件测试目的之一就是发现缺陷,缺陷记录就是对此的体现。缺陷记录作为测试人员的产出物,是需要在项目组中进行流转的,所以要想保证需要使用缺陷记录的人能够准确地把握缺陷信息,就要对缺陷记录的编写进行规范化的管理,尽量减少不必要的意识差异。缺陷记录的主要属性包括标识、类型、描述、等级、优先级、状态等。

测试报告阶段需要根据缺陷记录进行软件产品质量评估,通常需要给出定量评估结果。缺陷记录得越全面,对于测试报告、测试总结阶段的效用越明显。测试总结阶段需要对整个测试过程发现的缺陷进行多维度的分析,使其能够对开发短板的发现、软件整体状态、缺陷分布情况等提供依据。

1.2.5 软件测试的分类

软件测试已经渗入软件项目的全生命周期,从关注重点的不同可以对其进行不同的分类,但是不同分类间也有相互联系,下面介绍几种常见的软件测试分类方法及不同分类方法在实际测试工作中的应用。

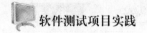

（1）按测试阶段分类

单元测试（又称为组件测试）：针对一个独立软件单元而进行的测试，该软件单元是可以测试的最小的对象，如独立的函数、方法、过程、类等。该阶段的测试一般在开发环境下由开发人员完成，方便及时地发现代码中的缺陷，为其他阶段的测试工作打下良好的基础。单元测试偏重软件的功能实现，以保证测试对象完整、正确地执行了详细设计中定义的功能。

集成测试：一种旨在暴露软件接口间交互时存在的缺陷的测试，一般应包括软件内部不同部分间的接口测试（例如：数据录入模块与报表分析模块间的内部接口）和软件与外部系统间的接口测试（包括但不限于操作系统、文件系统、硬件等的接口）。该阶段的测试人员应该获取有关组件间交互的相关文档，并对软件的构架具有一定的了解。

系统测试：将软件作为项目环境中的一部分，与运行环境、外接系统、数据、人员等项目元素结合，对软件项目进行的一次全面测试，包括功能测试和非功能测试。一般由独立的测试团队完成，是软件产品交付前进行的重要步骤。

验收测试（也可称为软件测试行业的符合性测试）：一般由用户/客户进行的确认是否可以接受一个系统的验证性测试。在软件市场的推动下，软件测试行业出现了第三方软件测试企业，即独立于开发方、客户方的另一方具有专业技术的软件测试企业，客户在该阶段聘用第三方测试来代替其进行更专业的测试。测试的主要依据是软件项目前期的任务书、招标文件或其他客户需求文件，对软件的功能实现、业务流程、非功能性需求进行正式测试，以保证软件符合验收准则。

运维测试（也可称为运行测试）：该阶段的测试除了对系统的备份/恢复测试、安全漏洞阶段性检查等，还包括软件运行中暴露问题的收集、跟踪，用户使用意见和建议的收集等。

（2）按测试角度分类

功能测试：根据客户需求对软件实现的功能进行的测试。功能测试包括逻辑功能测试、功能架构测试、接口功能测试、界面测试等。

非功能测试：基于功能实现对软件的其他用户需求进行检测的活动。非功能测试包括性能效率、兼容性、易用性、可靠性、信息安全性、维护性、可移植性、产品说明、用户文档集等方面的测试。

（3）按测试技术分类

白盒测试：按照程序内部的结构和逻辑驱动测试程序。此方法是将软件看成内部逻辑结构完全可见的白盒子，如图 1-2 所示，测试人员依据程序内部逻辑结构的相关信息，设计或选择测试用例，对程序所有逻辑路径进行测试，通过在不同点、不同分支检查程序的状态，确定实际的状态是否与预期的状态一致。

黑盒测试（又称为基于规格说明的测试），是把程序看作一个不能打开的黑盒子，如图 1-2 所示，在不考虑程序内部逻辑结构和内部特性的情况下对程序进行测试。由于黑盒测试不考虑程序内部结构，只关心软件的功能，因此系统测试、验收测试等阶段测试多采用黑盒测试。

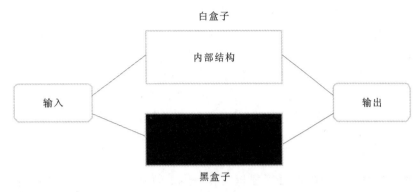

图1-2 白盒、黑盒测试特性

（4）按测试动作分类

静态测试：通过手工检查（评审）或自动化代码分析工具的方法对代码或文档等进行检查。可以直接发现缺陷，典型缺陷有程序代码、文档与标准之间的偏差，需求分析偏差，设计偏差，接口规格不一致等。

动态测试：通过运行软件来进行的测试。通过动态测试可以把软件的失效现象展现出来，从而发现软件运行过程中与需求之间的偏差。

针对上面四种软件测试的分类方法介绍不同分类方法在实际测试工作中的应用。在实际测试工作中，首先测试人员需要确认测试的阶段，以此作为立足点确定测试重点和测试工作的整体要求；然后针对不同阶段确认测试角度，明确测试范围或内容；针对测试内容选择测试技术，确认测试方法；最后通过测试动作完成测试实施活动，如图1-3所示。

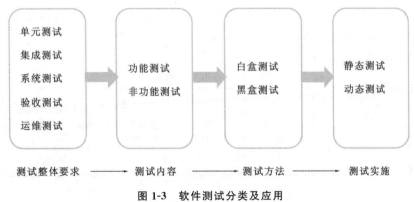

图1-3 软件测试分类及应用

1.3 企业软件测试人才需求

1.3.1 软件测试团队构架

软件项目包括项目的前期调研、立项、项目组建立、设计开发和调试、软件测试、交付验收、上线运行等整个软件的生命周期。软件项目可以是一个单独的开发项目，也可以与产品项目组成一个完整的软件产品项目。如果是订单开发,则成立软件项目组即可;如果是产品开发,需成立软件项目组和产品项目组(负责市场调研和销售),组成软件产品项目组。

软件项目管理于 20 世纪 70 年代中期由美国提出,当时美国国防部专门研究了软件开发不能按时提交、预算超支和质量达不到用户要求的原因,结果发现 70% 的项目是由管理不善引起的,而非技术原因。于是软件开发者逐渐重视软件开发中的各项管理。到目前为止,软件研发项目管理不善的问题仍然存在,大约只有 10% 的项目能够在预定的费用和进度下交付。

软件项目管理和其他的项目管理相比有一定的特殊性。其一,软件是纯知识产品,其开发进度和质量很难估计和度量,生产效率也难以预测和保证。其二,软件系统的复杂性也导致开发过程中各种风险难以预见和控制。

软件项目管理的对象是软件项目。它覆盖了整个软件工程过程。项目管理包括技术管理和非技术管理,从研发执行和测试执行角度来看,软件项目管理属于技术管理;非技术管理主要涉及研发执行外的辅助管理,为使软件项目整体获得成功,必须对软件项目的风险、资源(人、硬件/软件)、费用、沟通、配置等进行管理。这种管理在技术工作开始之前就应开始,在软件从概念到实现的过程中继续进行,到软件工程过程最后结束时才终止。

无论哪个企业、哪种项目组,在建立时都应注意尽快落实责任,遵循任务均衡、统一接口规则。根据项目体量的不同,项目组的构成也不同。典型的软件项目组包含项目经理、需求/产品人员、研发组、测试组、配置管理人员,如表 1-2 所示。相对较小的软件项目一般包含项目经理(代开发经理、测试经理、需求人员),开发人员(代开发项目负责人),测试人员(代测试项目负责人、测试分析人员),配置管理人员,这样可以比较明确地分工,然后完成软件项目。软件研发组构架如表 1-3 所示,软件测试组构架如表 1-4 所示。在项目过程中主要的相关方还有客户、监理、审计,这三方均对软件项目的管理有监督、检查的权利,软件项目外围项目相关方如表 1-5 所示。

表 1-2   **软件项目组整体构架**

序号	角色	职责说明
1	项目经理	项目立项后的总负责人,负责组建需求团队、研发团队、测试团队以及与项目相对的质量管理、风险评估等; 是客户对接的主要接口人员; 项目经理需要把控项目整体进度、解决团队资源问题、对团队的运行进行技术性的指导等; 项目经理不直接参与项目,只提供关键的支持,为软件项目顺利进行营造良好的环境,需要有更高领导力完成相应的任务
2	需求/产品人员	熟悉市场需求或业务工作流程,有丰富的业务经验; 业务需求人员的选择应覆盖系统所服务的业务部门; 有原型设计能力,好的原型有助于理解需求,便于模拟实际操作,提高客户体验; 有良好的沟通能力及团队精神; 有优秀的写作能力,能将需求描述清楚,转化成相关人员都看得懂的文字

续表

序号	角色	职责说明
3	研发组	指研发组里的所有人员,负责完成研发文档设计、编写、编码、软件交付等工作
4	测试组	指测试组里的所有人员,负责完成测试文档编写、测试实施、报告总结等工作
5	配置管理人员	与项目组成员共同保证项目的质量; 随着软件项目的推进,过程中相关的技术文档需要及时保存,作为业务支撑,配置管理需熟悉文档管理、文档模板

表 1-3   **软件研发组构架**

序号	角色	职责说明
1	开发经理	一般由开发部门负责人担任,负责开发人员分配、开发进度把控、开发过程文件的评审、任务协调等工作,是与其他部门的主要接口人; 一般不直接参与项目,小体量软件项目的项目经理与开发经理可以为同一人
2	开发项目负责人	是开发的现场负责人,负责分析、设计和现场协调工作。随时监控各开发人员的工作,包括内容是否与要求发生偏差、进度是否滞后等,同时给每个开发人员明确的任务书; 在项目周期内开发项目负责人最好不要更换; 是对软件开发过程的各个领域都具备一定专业技能的人员,主要任务是把软件开发的需求转化为可以实现的抽象设计和具体设计,并完成相应的设计文档; 对技术的发展方向能够有全局的把握,对业务也有深刻的认识; 大项目需要配备专门的系统分析师和系统设计师
3	开发人员	指开发执行人员,熟悉针对软件开发的编程工具,并具有丰富的编程经验,负责完成不同层与模块的编程工作; 开发人员数量视系统模块数量和开发难度而定; 按照设计完成编码实现及单元测试任务,完成问题分析和解决缺陷的任务; 具有把宏观任务抽象化和把抽象概念具体化的能力,以微观的视角完成功能细节的开发

表 1-4   **软件测试组构架**

序号	角色	职责说明
1	测试经理	测试部门负责人或第三方测试负责人,是测试工作的主要统筹者,任务包括定义测试规范、报告批准、统筹资源调配、监督测试项目等; 定义测试策略,从宏观上定义测试的方向和方法; 需要掌握测试的专业技能,还要具备良好的组织能力和协调能力

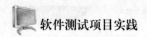

序号	角色	职责说明
2	测试项目负责人	是测试的现场负责人,根据客户需求文档和开发文档编写测试方案,按照测试方案制订详细计划,分配任务,把控项目进度; 对测试目标的技术特性和业务需求有准确把握,能为测试团队提供方法论、测试工具方面的建议,评审测试过程文件; 需要有较高的技能水平,包括深入和全面的测试经验,对软件开发和测试的模型有全面的认识
3	测试设计人员	根据客户需求文档和开发文档对软件进行测试需求分析、功能框架确认、测试用例编写等设计准备工作; 具有良好的分析能力、抽象思维能力和逻辑分析能力
4	测试执行人员	按照测试计划和测试用例对软件进行测试; 工作重点是发现问题和跟踪问题,需要对缺陷敏感、做事细心; 具有良好的文档编写能力

表 1-5 外围项目相关方

序号	角色	职责说明
1	客户	是软件产品的直接利益相关者,从业务的角度提出对软件产品的需求。是开发软件的根本动力,软件产品交付的验收方。 对业务有深入的了解,能清晰理解业务流程
2	监理	指信息系统监理,一般是客户为保证软件项目质量而启用的第三方机构,服务于客户; 主要是对软件项目过程的把控,工作内容包括"四控制三管理一协调",软件项目实现过程中测试工作也在其管控范围内
3	审计	审计作为一种监督机制,是指由专设机关依照法律对国家各级政府及金融机构、企业事业组织的重大项目和财务收支进行事前和事后的审查的独立性经济监督活动

1.3.2 软件测试人员的技能储备

测试人员除了需要具备测试工作所需的硬技能(也就是基础技能),还应具有相应的软技能(也就是人员的素养)。对入门的测试人员来说,由于面向的业务和对象还不确定,因此需要对以下硬技能有不同程度的储备。

硬技能包含储备知识、专业技能、资质证书等,如表 1-6 所示。

表 1-6　　　　　　　　　　　　　　　硬技能要求表

序号	技能类型	知识要求	掌握程度
1	储备知识	计算机基础知识,包括操作系统(Windows、Linux)使用、虚拟机的安装、网络基础知识、中间件等	了解
		数据库基础知识,能够进行不同类型的数据库访问,SQL 语句的简单使用	了解
		主流程序设计语言,能够理解已有程序的代码,做出初步判断; 能够画出数据流图等	了解
		软件环境的搭建	了解
		软件项目开发模式,包括 W 模型、V 模型、敏捷模型等典型模式的特点	熟悉
		办公软件的基本功能和使用	了解
		测试行业的标准规范和法律法规	了解
2	专业技能	软件测试基础知识	熟练
		测试基本流程	熟练
		软件测试技术和方法	熟练
		软件测试三要素管理	熟练
		测试文档的编写	熟练
		测试工具的使用(自动化测试、性能测试工具、安全测试工具、测试管理工具)	熟练
		测试经验,发现的典型缺陷记录	熟练
		行业知识积累	熟悉
3	资质证书	国内认证	了解
		国际认证	了解

　　由于软件测试行业的特殊性,测试人员需要与多方人员进行沟通,测试文档需要在项目组中流转,因此对从业人员的软技能要求相对较高。例如:听说读写能力,沟通协调,怀疑探索,自信和责任心,缺陷敏感,对经验的总结、思考、积累等。

　　(1)技能一:听说读写能力

　　测试人员需要具有良好的文档编写能力,要能够将读到的需求内容提炼汇总出来,形成规范的测试文档,保证测试文档成为相关人员都看得懂的文字。对个人观点的表达清晰,对相关人员的意见理解准确。

　　(2)技能二:沟通协调

　　客户是测试人员的主要服务对象,测试人员需要与客户进行沟通来确认需求。

　　测试启动初期需要与客户确认需求,测试过程中往往会遇到开发人员与测试人员对需求有不同的理解,同样需要客户来确认,测试结束后需要与客户确认是否满足了他的

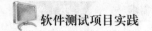

需求。

开发人员也是测试人员的主要沟通对象,测试人员需要了解其软件设计思路、对需求的理解、对测试人员提交缺陷的理解等,最终,客户、开发人员、测试人员达成认识上的一致。

另外,测试人员要能够认清项目的各个负责人,在遇到重大问题时能够及时、准确地找到对应人员处理问题。

(3)技能三:怀疑探索

一个好的测试工程师会持有"测试是为了破坏"的观点,具有捕获用户观点的能力、强烈的追求高质量的意识、对细节的关注能力、对高风险区的判断能力,以便将有限的测试聚焦于重点环节。对被测软件持怀疑态度,不仅需要进行符合要求的测试,还要进行不合理的输入操作,尤其应考虑不同的不合理的业务场景,发挥怀疑探索精神,对所有关联模块进行反向数据输入,观察被测模块的表现。

软件测试人员,不是测试显而易见的结果,而是采取富有创意甚至超常的手段来寻找缺陷。软件测试人员需要不停地尝试,测试中可能会碰到转瞬即逝或难以重建的软件缺陷,不要心存侥幸,而应尽一切可能去寻找缺陷。

除此之外,软件测试人员也可以多尝试安装一些开源软件,既可以了解相应的开发知识,也可以熟悉环境部署的方法,还可以进行简单测试,并尝试对缺陷进行修复,更好地了解软件产品。

(4)技能四:自信和责任心

软件测试人员的办公场地不定,可能是开发场所,也可能是客户现场,测试人员不应害怕进入陌生环境,要保持信心并发挥主观能动性,积极与项目人员保持良好的关系。坚持就事论事的原则,工作中适当的辩论是有益于推动项目良性发展的,有不同的想法或认识可以大胆地表达出来,如果对自己都没有信心,又如何让别人对测试人员建立信心呢?

测试人员找出的软件缺陷有时会被认为不重要、不用修复,甚至被否定,这时要善于表达观点,并通过实际演示来证明自己的观点,需求问题尤其要谨慎处理。

另外,开发人员经常会指出测试者的错误,测试人员除了对自己的观点有足够的信心外,也要接受别人指正自己的错误,这样才能更好地提升自己。测试人员要保持认真、负责的态度对待测试任务或领导交与的其他任务,充分考虑事前准备、事中执行、事后交付,以确保任务能够顺利完成。

(5)技能五:缺陷敏感

缺陷敏感,做测试时要细心,不是所有的缺陷都能很容易地找出,一定要细心才能找出隐藏的缺陷。测试人员进行测试的时间可以分配为:30%的时间用于理解需求、熟悉业务,20%的时间用于写读程序,50%的时间用于写测试用例和运行测试用例。好的测试员的工作重点应该放在理解要求和客户需要上,思考在什么条件下程序会出错。

软件测试人员要决定测试内容、测试时间以及所看到的问题是否为真正的缺陷,可以分析需求是否考虑到哪些地方可能出现缺陷,在缺陷表现出来的时候准确地发现并定位。

（6）技能六：对经验的总结、思考、积累

带着问题去学习是一种非常高效的学习方法。在项目或者学习过程中遇到了问题，就需要去解决这个问题，可以尝试自己研究，先了解暴露问题的定义及运行原理，再查询相关问题的解决方法。这样才能在后续的"多请教、多总结、多思考、多积累"中学到更多。

任何事物的处理都分事前、事中和事后。在接受任务时，首先理解任务内容，必要时可以以自己的方式复述一遍，还要分析任务需要达到的目标、必需的前期准备、可能会遇到的问题等；在任务执行时要细心、全面，及时汇报进度，遇到无法解决的问题要及时提出并获得准确的回复，处理问题积极、主动，不要有"拖延症"；做事有头有尾，任务完成后要主动上报相关者，提交任务的输出结果，可以邮件或文档等正式形式提交，如果是文档形式应保证基本的可读性和易读性，如果是邮件形式应尽量简明扼要。

在每次任务总结中吸取经验和教训，避免犯同样的错误。

1.3.3 软件测试人员的职业规划

目前，软件测试正处于快速发展的阶段，软件测试人员的发展方向也多种多样。从软件测试行业发展来看，软件测试职业发展可简单分为测试执行人员、测试设计人员（专项测试人员）、测试项目负责人、测试管理人员（需求管理人员）、专家，如图 1-4 所示。

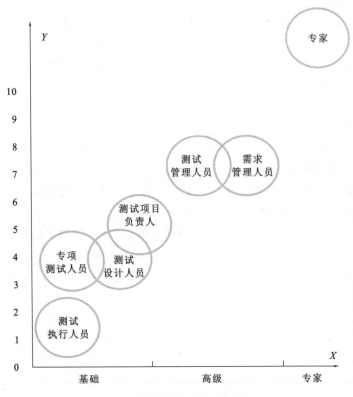

图 1-4　软件测试人员的职业规划

初入测试行业的一般为测试执行人员，大致持续1~2年时间。应具有初步的测试执行能力、确认判断能力、文字表达能力等。

经过3年左右的时间，测试人员对测试行业已经有了基本的接触和认识，熟悉了测试流程和标准规范，对业务有了初步了解，这时可以升级为测试设计人员或专项测试人员。测试设计人员应具有测试需求分析能力、业务分析能力、环境判断能力、文档设计能力等；对专项工具感兴趣的也可独立完成性能测试、自动化测试或者安全测试等需要测试工具支持的任务，成为具有专项技能的工程师。

经过3~4年的时间基本可以成长为一个可以独立带队的测试项目负责人，负责测试现场的实施过程、测试的整体进度等。

经过5~6年的时间的积累可以向测试管理人员或需求管理人员发展，因为此时已经具备了丰富的测试经验和业务经验，了解软件测试的流程，应对突发情况时已掌握处理方法。

专家至少需要10年的测试经验，行业业务专家（金融、通信、石油、电子商务、电子政务等）可以把握行业测试发展动向，使测试质量得到提升等。专项专家可以为软件测试工具的开发提供行业意见、制定标准规范等。

 知识拓展

《检测和校准实验室能力认可准则在软件检测领域的应用说明》（CNAS-CL01-A019:2018）的"人员"一节中规定，软件测试实验室的人员应满足以下要求：

①从事软件测试的人员，应具有计算机及相关专业的大专（含）以上学历，并获得国家或行业承认的软件测试技术专业培训合格资质或计算机软件相关专业的高级工程师职称，具备与软件测试任务相适应的被测试软件背景知识和软件测试技术。

②各类人员应满足的其他要求包括：

a.从事软件测试项目管理、测试需求分析、测试策划和测试设计活动的人员，一般应有2年（含）以上软件开发工作经历或3年以上软件测试技术工作经历；

b.软件测试执行人员，一般应有3个月（含）以上软件测试技术岗位实习工作经历，并至少实习完成1个软件测试项目；

c.负责软件测试结果评价（评估）、方法确认、质量核查的人员，以及软件测试报告审核人和批准人，一般应有3年（含）以上软件测试技术工作经历。

③实验室对软件检测人员进行的培训，应包括安全保密，知识产权保护以及软件测试有关的法规、标准。

④实验室：

a.由熟悉软件项目管理、开发、测试及标准、规程、规范的技术人员负责组织实施软件检测任务；

b.由熟悉软件检测过程以及软件测试标准、规范、规程，软件质量评价和软件测试质量评价的人员，负责对软件检测人员实施质量核查，审核软件测试过程和形成的软件测试工作产品是否符合相应的标准、规范；

c.由熟悉软件测试需求、测试结果评价和判定准则的人员负责对软件测试输入和测试结果进行核查。

从上述内容可以看出,软件测试职业发展也可以总结为3个发展方向:

(1)技术路线发展方向

测试执行人员属于软件测试职业生涯的初级阶段,其主要工作内容是按照测试经理分配的任务计划执行测试用例,提交软件缺陷,包括编写阶段性测试报告、参与阶段性评审等。

按照技术路线发展,测试执行人员发展到专项测试人员,要具备专项工具支持能力。例如,自动化测试工程师应掌握使用自动化测试工具;白盒测试工程师要熟悉开发语言和代码扫描工具,进行代码走读、代码审查、代码测试覆盖率分析等;性能测试工程师要掌握市面上主流的性能测试工具及其实现原理,包括实现测试脚本的编写,最终做出瓶颈分析等。

基于高级阶段接着发展可以成为专业技术支持,主要负责设计测试工具、软件质量控制、制定测试规范、测试调优等。

沿技术路线继续向上提升,可以称之为专家。他们是该领域的技术专家,具有深厚的技术实力,对特定领域有独到见解。这类人才不再从事具体的测试工作,而是提供行业性测试技术咨询、培训、质量控制指导等,对软件测试整个行业的发展起到了鲜明的带头作用。

(2)管理路线发展方向

具有一定的测试经验后,如果对团队管理的工作比较感兴趣,可以考虑向测试项目负责人方向发展。作为一名团队的管理者,在测试技术的某方面必须是比较精通的,只有管理经验而没有技术经验是管理不好团队的。

按照正常发展路线,要求其管理与技术并重,测试管理人员的工作内容是根据测试项目负责人的计划安排,控制与监督测试进度,审核测试文档,负责项目组成员的沟通协调,保证每个测试环节与阶段的顺利进行。

管理路线继续向更高阶段发展,即可发展为测试经理、质量保证经理。除了要掌握专业知识外,还要能够对企业的测试资源进行分析,掌握测试技术,能够为企业的测试部门发展提出有利的意见。

(3)产品和市场发展方向

由于软件测试人员长期测试产品,因此软件测试人员对产品的各项功能、用户体验、产品性能等方面是非常了解的,此时可以考虑转向产品策划和需求制订的相关工作。

对于从事业务路线的业务专家,要求其熟悉行业类软件的行业背景、业务知识以及该行业的工作流程。主要扮演行业内咨询、顾问的角色,几乎脱离了测试工作本身,更多的是为企业的产品需求分析、设计、编码、测试等各个环节提供指导,其目的也是提高软件的易用性和稳定性,减少后期不必要的需求变更。

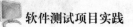

总之,对于初学者而言,应根据自己的兴趣与爱好做好未来3~5年的职业规划,并逐步实施,以便为未来一生的职业发展打下坚实的基础;同时,在工作中保持积极的学习态度,不断学习,紧跟时代的发展步伐。

1.3.4 软件测试心理学及职业道德

1.3.4.1 软件测试心理学

软件测试过程中与测试人员沟通最紧密的是客户和开发人员,所以这里的软件测试心理学主要从这两方面出发进行分析。

(1)测试与客户

客户,即软件的使用者,因为面向不同层次的人员,所以测试人员不能寄希望于使用者都按照正常的操作方法来使用软件。测试人员需要模拟用户可能操作的步骤和使用场景来对产品进行测试。总之,既要参考开发文档,又不能严格地遵守里面的规则,因为用户并不会那么做。所以,测试的时候要尽量考虑全面。

站在测试的角度去收集需求,就是要理解用户的需求或目的,研究用户是怎么思考、怎么操作的;然后站在用户的角度去测试产品,保证产品尽可能地满足用户的需求,能留住用户的产品才是好产品。

(2)测试与开发人员

测试执行得不顺利,其中一个主要原因是大多数的程序员一开始就把"测试"这个术语的定义搞错了。他们可能会认为:"软件测试的目的在于证明软件能够正确完成其预定的功能。"这些定义都是本末倒置的。每测试一个程序时,应当想到要为程序增加一些价值,也就是用测试提高软件的质量。

测试本身是破坏性的活动,是有意识地诱导缺陷的发生,对测试人员而言,"成功"意味着发现缺陷。

调试是建设性的,开发人员更愿意去"证明"自己的程序能正常工作。

从两者行为上的本质来看,测试人员和开发人员应当独立地执行工作,以合作而不是争斗的方式开始项目,对产品中发现的问题以中性的和以事实为依据的方式来沟通,尽量理解其他成员的感受,以及他们为什么会有这种反应,确信其他成员已经理解所描述的内容。

有些开发人员对测试的认识可能存在偏差,例如:他们一直在寻找我的错误,就是想看我的好戏,是我的敌人;还有的认为质量问题有QA(质量保证)人员负责,错误和缺陷现在由测试人员来负责,软件质量我可以不管了。这样就导致缺陷的提交、跟踪与开发间存在心理差异。软件测试人员和开发人员都不要害怕"坏消息",当需要告诉程序员他的程序有问题时,优秀的软件测试人员知道怎样温和地处理这些问题,怎样和不够冷静的程序员合作。

要让所有相关人士清楚地看到测试人员的定位和工作价值!

针对开发人员:测试是一种安全机制,能帮助开发人员在软件发布前发现缺陷。

针对管理者:测试使得软件的质量更容易进行评估,在此基础上也能做出有效的发布决定。

针对用户:让用户明白,通过测试后,在软件中只存在很少的错误,能完成用户日常业务。

当然,为了保护大家的权益,测试过程文件的保存就尤为重要,必要时可以提供测试记录进行事件的重现。

1.3.4.2 软件测试职业道德

现在,信息化技术已经融入社会生活甚至日常生活中,并且扮演很重要的角色。为尽可能保证这种力量用于有益的目的,软件工程师必须要求他们自己所进行的软件设计、开发、测试是有益的,所从事的是受人尊敬的职业。为此,由 IEEE 和 ACM(美国计算机协会)联合指导委员会的软件工程道德和职业实践专题组开发了《软件工程师职业道德规范(草案)》,并且已经过该委员会的审查。该道德规范有 8

软件测试职业
道德8个准则

组由关键词命名的准则,分别为公众、客户和雇主、产品、判断、管理、专业、同行、自身,每组准则均以渴望、期望、要求三个层次的道德义务阐述。

1.4 总结与思考

本章主要内容总结为如下几点:

①软件随着计算机的问世而诞生,软件测试行业也随之发展起来。

②软件测试行业的标准规范正在形成。

③软件失效引起的重大社会事件时常发生。

④软件测试人员要熟悉软件测试的基本理论。

⑤软件测试团队构架基本为测试执行人员、测试设计人员、测试项目负责人、测试经理。

⑥软件测试人员需要具备硬技能和软技能。

⑦软件测试心理学可以从测试与客户、测试与开发的角度分析。

⑧软件测试职业道德有 8 个基本准则。

通过本章的学习,思考以下问题:

①软件测试按阶段分类可以分为哪几类?

②软件测试最主要的测试依据是什么?

③软件测试职业道德的 8 个准则是什么?

④思考一下自己具备的能力,尝试规划一下自己的职业发展方向。

第2章　软件测试流程及相关规范

事前、事中、事后的全过程控制原则已经广泛应用于工程项目、证券行业等。本章在介绍软件测试流程的基础上，对"三事"原则在软件测试过程的应用进行简单说明。同时对软件测试行业的标准规范和法律法规进行概要讲解。通过学习本章的内容，读者可以了解软件测试工作的整体运行要求和必要的行为规范。

2.1　软件测试流程概述

软件测试任务一般由项目经理或客户提出申请，测试经理进行任务分配，最后提交测试交付物至归档完结。整个工作涉及多个环节，本节先从软件测试工作整体流程开始介绍，建立正确的软件测试全局思想；再以不同测试阶段为基准对测试准备、测试实施、测试评估等工作流程进行分析。

2.1.1　软件测试工作整体流程

软件测试工作整体流程基本可以分为项目启动、测试准备、测试实施、测试评估、项目总结/归档五个阶段，如表 2-1 所示。

表 2-1　　　　　　　　　　　　　软件测试工作整体流程

序号	阶段名称	任务内容	主要输出物	参与人员
1	项目启动	获取项目信息，收集项目文档，成立测试组，建立测试通信录	测试项目任务书 测试通信录 被测软件的相关文档 会议纪要	项目经理/客户 研发组 测试经理 测试项目负责人
2	测试准备	测试需求分析，审阅被测软件的相关文档，分析待测软件，拟订测试方法，编写测试方案、测试计划	测试方案 测试计划 测试组 功能框架	测试经理 测试项目负责人 测试设计人员

序号	阶段名称	任务内容	主要输出物	参与人员
3	测试实施	进行首轮测试和回归测试	测试环境清单 测试用例 缺陷记录	测试项目负责人 测试设计人员 测试执行人员 研发组
4	测试评估	分析测试结果,生成结果报告	测试报告 缺陷报告	测试经理 测试项目负责人 测试设计人员 测试执行人员
5	项目总结/归档	测试总结,过程文件归档	测试总结 项目档案	测试经理 测试项目负责人 测试设计人员 测试执行人员

(1)项目启动阶段

项目启动阶段是测试项目的任务发布阶段,一般以项目启动会的形式开展,由任务发布方、任务接收方、研发组和其他相关人员共同参与,主要目的是了解任务现状及目标、初步进行可行性分析、获取项目基本信息、建立通信录、介绍测试流程及收集项目文档。测试部门参与人员一般为测试经理和测试项目负责人,内测项目任务申请方一般为项目经理,第三方测试任务申请方一般为客户,其他相关方根据项目的不同特点可能涉及研发组部分人员、业务人员、监理人员、配置管理人员、环境管理人员等。

项目启动会中一般需要确定测试对象、测试任务时间节点、测试对象部署环境等。此处的测试对象部署环境需要与测试准备中要求的测试环境清单进行区分。测试环境清单针对被测软件实际部署的软、硬件配置信息;测试对象部署环境是指测试活动开展的整体环境,一般分为开发环境、测试环境、UAT环境、生产环境,不同测试环境具有不同的测试风险。

①开发环境,是指专门用于研发的服务器,配置要求相对较低,为开发调试软件时使用。通俗地讲,软件尚且在编码阶段,环境变更频繁,操作人员较多,测试条件不理想。

②测试环境,一般是克隆一份生产环境的软件配置、部分生产数据,硬件配置偏低。一个软件在测试环境中出现缺陷,评估后认为不能发布时,该软件一般不允许发布到生产环境。测试环境一般供研发组内测人员使用。

③UAT环境,一般是克隆生产环境的软件、数据,硬件根据项目情况考虑可能配置性能偏低,理想状态是完全克隆。UAT环境是指用户接受度测试,即验收测试。主要用来作为客户体验的环境,现在多数用于第三方的软件测试活动。该环境的数据保密性风险较高。

④生产环境,是指正式提供对外服务的环境,一般要求关闭错误报告。可以理解为包含所有功能的环境,任何项目所使用的环境都以此为基础,根据客户的个性化需求调整或者修改配置。该环境的服务风险和数据风险均较高,无特殊要求时不提倡在生产环境上进行测试。特殊情况如对环境要求较高的安全测试,一般在生产环境上执行。

以上四个环境也可以理解为软件项目的四个阶段:研发→测试→验收→上线。每个环境进行测试前均需做好整机备份工作和数据的保密性约束。

项目启动会的组织代表测试任务的正式启动。该阶段的输出物有如下几种。

①测试项目任务书:记录测试任务的基本信息,至少包含被测软件名称和版本、送测日期(被测软件研发完成递交测试的时间)、任务申请方信息、开发方信息、测试标准(如国家、行业或国际标准等)、测试参数[摘自《系统与软件工程 系统与软件质量要求和评价(SQuaRE)第 51 部分:就绪可用软件产品(RUSP)的质量要求和测试细则》(GB/T 25000.51—2016):功能性、性能效率、兼容性、易用性、可靠性、信息安全性、维护性、可移植性、产品说明、用户文档集]、特别要求(如有)、时间节点、接收方(一般为测试经理)等,一般由测试申请人提交,如表 2-2 所示。

表 2-2 测试项目任务书

测试项目任务书

软件名称		版本号	
申请方		接收方	
送测日期		要求截止时间	
开发方			
测试标准			
测试参数			
测试要求			

②测试通信录:用于测试过程中相关方的联系,便于将测试工作日报、周报或其他需协调事项用邮件发送到主要负责人,并抄送相关人员。表 2-3 中岗位/职责栏填写测试项目负责人、开发负责人、项目经理、客户负责人、业务负责人和其他主要配合人员测试任务中的职责,如有需要,须根据实际情况调整表格内容。

表 2-3 测试通信录

测试通信录

软件名称			版本	
姓名	所属部门(单位)	岗位/职责	电话	邮箱

③被测软件的相关文档:申请测试人员需要提交被测软件的相关文档。提交客户文档,如可行性研究报告、项目合同、测试项目任务书、招标文件等;提交研发材料,如需求

规格说明书、设计说明书、用户手册、操作手册、安装和维护手册等,内容包括系统介绍、应用范围和对象、功能介绍、环境要求(包括软件、硬件和网络的基本配置要求)、安装和卸载说明、操作说明等;根据不同软件的具体情况,提交其他所需附件,如加密锁、测试数据、支持软件运行所必需的特别的硬件设备等。

　　④会议纪要:会议组织者需安排专门人员进行会议签到及内容的记录,记录会议主要议题及结论,会议结束后发送给与会人员,并跟进会议结论的进展情况,主要内容如表 2-4 所示。

表 2-4　　　　　　　　　　　　　　　**会议纪要**

会议纪要			
会议名称		日期	
地点		记录人	
出席人员			
主要议题			

会议内容:

会议结论:

签到表			
姓名	所属部门(单位)	联系电话	备注

(2)测试准备阶段

　　测试准备阶段由测试组的初步建立开始,对被测系统进行测试需求分析,审阅被测软件的相关文档,分析待测软件,拟订测试方法,编写测试方案和测试计划,最终确定测试组。有些项目中测试计划包含测试方案和测试计划,本书中测试方案主要指测试策略等,测试计划主要指时间和人员计划,下面我们分别介绍测试方案和测试计划。

　　测试方案指导整个测试工作,一般由测试项目负责人编写,测试经理审核,内容主要包括确定测试范围,识别和分解测试任务,识别风险并给出应对措施,规划测试资源,确定测试策略,确定测试进度,明确交付物及准出规则等。测试方案中,测试范围一般为根据客户文档梳理的原始需求,系统实现情况需要根据研发材料进一步梳理。《系统与软件工程 系统与软件质量要求和评价(SQuaRE)第 51 部分:就绪可用软件产品(RUSP)的质量要求和测试细则》(GB/T 25000.51—2016)中要求测试计划(本书中是测试方案和测

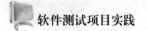

试计划的总称)中具有通过-失败准则、测试环境、进度、风险、人力资源、工具和环境资源、沟通等,详细要求如下。

①通过-失败准则。

通过-失败准则指明用于判定测试结果是否证实软件与产品说明和用户文档集的符合性准则。

②测试环境。

规定将要进行的测试所处的软件测试环境。

注:可采用配置等效性证实。

③进度。

规定每个测试活动和测试里程碑的进度。

注:测试活动可能有测试环境搭建、测试文档编制、测试执行。

④风险。

识别、更新并记录测试活动中存在的风险,并提供应对措施。

⑤人力资源。

明确每个测试活动所需的人力资源情况。

⑥工具和环境资源。

明确执行测试活动所需的工具。

如果使用特殊的工具和环境,应说明选择这些工具和环境的原因以及预期的结果。

⑦沟通。

规定沟通机制和方式,以便在利益相关方之间共享测试文档和测试项。

 知识拓展

实际项目中的沟通机制,可以按项目周期长短采用不同的沟通方式。通用的为测试管理平台、邮件、即时聊天群组、测试周报或阶段汇报、通信录等。如果项目周期为 2 个月以内,为短周期项目,一般要求增加测试日报。如果项目周期大于 2 个月,为长周期项目,一般要求增加测试月例会。

无论选择哪种沟通方式,项目层面的沟通一般都由测试项目负责人为接口统一发起,通知沟通事项的主要人员,并抄送或通知测试经理及其他相关方的相关人员。

测试计划是整个测试任务的时间及人员安排的计划,一般由测试项目负责人编写,测试经理审核。测试活动过程中可以根据每周的进展情况细化下周任务,内容主要包括任务节点、计划开始时间、计划结束时间、人员配置。测试计划中任务节点的确定是测试执行按计划顺利进行的基础。

根据测试任务的不同特点,可以按照测试参数、软件子系统或细化到软件功能模块、研发组、测试地点等划分任务节点,也可以将以上两种或多种划分方式组合使用,例如软件功能模块和研发组的组合方式,如表 2-5 所示。

时间节点一般考虑测试项目整体时间、各个任务节点之间的关联性等。按照整体时间和人员配置规划各个测试阶段的时间节点;测试阶段中任务细化为测试计划的重点,一般采用关联分析法进行排序,例如某测试任务中测试参数包含功能性、性能效率、可靠性三个参数,一般需要先完成功能测试,再进行性能测试,最后完成稳定性测试;特殊情况还需要考虑优先级、环境部署时间等因素。

测试计划编写工具有很多,2 个月以上大型测试任务一般需要使用项目管理软件,例如:Microsoft Project、禅道项目管理软件等。小型测试任务还可以使用 Microsoft Excel 制作简易的测试计划,测试周计划一般采用该方法。除去以上介绍的几种单机软件,现在软件行业的云技术发展迅速,有些测试管理已经开始使用云平台,例如云测试管理平台、腾讯文档等。云平台的应用使测试组成员能够随时掌握测试中的变更或测试进度,能够随时更新个人测试任务的进度等,云平台的特点使得文件权限和审核成为质量控制中的一个重要任务。

表 2-5　　　　　　　　　　测试计划——时间和人员计划

测试计划					
任务名称			计划开始时间	计划结束时间	人员配置
研发组 A	子系统 A	模块 A			
		模块 B			
研发组 B	子系统 B	模块 A			
		模块 B			

测试组的建立是在测试准备阶段,项目经理通过测试项目启动会初步判断完成任务所需的资源配置,资源包括人力、工具、环境、时间等,根据判断结果初步建立测试组,确定人员配比。测试方案完成后,测试组成员基本可以确定,项目经理正式任命测试项目负责人,分配测试设计人员、测试执行人员,测试组正式建立,这时可根据具体人员完成测试计划的编写。

功能框架是测试三要素之一,也是测试执行的基础,一般由测试分析人员完成,测试负责人审核。功能框架是由客户需求、开发文档、实际系统三者取最大集合形成的。功能框架需要与客户、研发进行确认,最终定义测试任务的需求确认表。由于软件项目变更频繁的特点,原始需求往往与实际系统展现存在表现层面的不同,或者需求描述过于概括,这就要求测试方案中的客户原始需求与实际系统的功能框架之间形成追踪关系。需求确认表中包含测试任务的全部需求,例如:功能性需求、性能效率需求、其他非功能性需求、测试出口准则等主要信息。需求确认表需要客户确认后才能生效,如表 2-6 所示。

表 2-6 **需求确认表**

需求确认表

软件名称		版本	
申请方			
开发方			
测试参数			
测试方			
测试标准和依据			

一、测试范围

功能范围：

功能编号	需求编号	需求内容

性能效率范围：

其他非功能性范围：

二、测试出口准则

说明：以上测试内容经申请单位确认，信息化软件测试按照上述需求进行检测

申请方代表签字		日期	
测试方代表签字		日期	

　　需要注意的是，功能框架确认阶段属于静态的文档审核，发现文档缺陷或设计缺陷需要记录到缺陷记录中，并启动缺陷管理流程。测试用例和缺陷记录均需要与功能框架体现追踪关系。

　　对 2 个以上的大型测试任务，一般在功能框架之前还会生成软件架构图。软件架构图可以由测试分析人员完成，测试项目负责人审核，是对测试任务的初步判断，一般涉及被测软件的主要工作流程、主要功能模块以及外联系统情况。软件架构图可以使测试人员对被测软件形成初步认识，使测试人员能够更快地熟悉任务对象，并对被测软件形成整体认识。

（3）测试实施阶段

测试实施由测试设计和测试执行两个部分组成。测试设计包含测试环境确认、测试用例设计、测试数据准备、测试工具确认等。测试执行至少包含首轮测试和回归测试。测试实施阶段流程如图 2-1 所示。

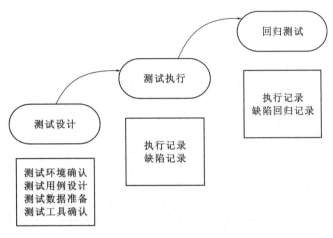

图 2-1　测试实施阶段流程

测试设计中的测试环境是测试开始的基础，对于特定测试参数的测试结果影响比较明显，例如性能效率、兼容性等都是依赖测试环境的。测试环境包括硬件环境和软件环境，一般由测试项目负责人收集确认。条件允许的情况下，环境配置信息可以由测试执行人员自行记录，如果涉及保密信息或其他限制条件，环境信息可以由环境信息负责人员（开发、用户、配置人员等）提供，测试项目负责人核实确认。硬件环境是指测试必需的服务器、客户端、网络连接设备、打印机（扫描仪）等辅助硬件设备及支持软件运行所必需的特别的硬件设备构成的环境；软件环境是指被测软件运行时的操作系统、数据库及其他应用软件构成的环境，如表 2-7 所示。适用时，被测软件安装介质和检查测试环境均需使用杀毒软件进行病毒查杀。

表 2-7　　　　　　　　　　　　　测试环境清单

<table>
<tr><td colspan="3" align="center">测试环境清单</td></tr>
<tr><td rowspan="5">服务器</td><td>描述</td><td>应用服务器/数据库服务器</td></tr>
<tr><td>标识</td><td>IP 地址/设备编号</td></tr>
<tr><td>硬件</td><td>型号：
CPU：
内存：
硬盘：</td></tr>
<tr><td>软件</td><td>操作系统：
Web 服务：
其他软件：</td></tr>
</table>

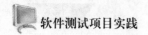

客户端	描述	功能/性能/……客户端
	硬件	型号： CPU： 内存： 硬盘：
	软件	操作系统： 浏览器： 其他软件：
网络类型		局域网环境/百兆互联网环境等
网络拓扑图		
杀毒软件		
其他		打印机、扫描仪、条码扫描枪、加密锁等

　　测试设计中的测试用例设计是以功能框架为基础，由测试设计人员开发完成的，是测试三要素中的执行关键。测试执行过程中需要根据实际情况进行测试用例的补充。测试用例是测试覆盖率分析的主要度量依据。

　　测试设计中的测试数据准备、测试工具确认为特定测试任务所需的准备工作。一般性能效率测试需要一定的测试数据准备，包括用户账号、基础数据等，如果进行性能效率中的压力测试还要求数据库中存在一定数量级的数据。性能效率、自动化测试、安全扫描测试等均需要在测试设计时确认所使用的工具。

　　测试执行部分为现场的测试进行，可分为功能性执行、性能效率执行、信息安全性执行、其他非功能性执行等，由测试项目负责人组织，测试设计人员、测试执行人员共同开展测试活动。按首轮测试和回归测试划分，首轮测试是指对被测软件测试需求的全面测试执行。回归测试是指已经测试过并经过修改的软件对象，确保软件变更后的功能被正确实现并且没有给软件其他未变更部分带来新的缺陷。软件修改或使用环境变更后都要执行回归测试。

　　回归测试在整个软件测试过程中占有很重要的地位，是保证软件质量的重要测试活动。在进行回归测试的时候，必须采用合适的回归测试策略确定回归测试的范围。这就涉及回归测试用例选择的策略。下面是几种常用的回归测试策略。

　　①对变更功能进行测试：针对缺陷的修复，即重新运行所有发现缺陷的测试用例，判断新的软件版本是否已经修正了这些缺陷。针对新增功能，只运行所有新增加的功能测试用例，用来判断是否正确实现了新的功能，这是正常测试的一部分。

　　②对与变更相关联的功能进行测试：是基于风险的分析而展开的，这种方法需要进行变更影响分析。确定变更如何影响现有系统的过程，也称为影响分析，它有助于决定回归测试的广度和深度。回归测试的范围取决于变更影响分析的结果。

　　③对关键功能点进行测试：在对变更功能进行测试后，选择软件的关键业务或功能

进行测试,其他测试用例在资源充足的情况下选择性执行,这种策略一般在测试进度紧张的情况下采用。

④执行全部测试用例:这个策略不考虑变更影响,重新运行所有的测试用例,这是一种安全的回归测试策略,遗漏缺陷的风险最小,但是测试成本很高。

"对变更功能进行测试"是执行了很少的测试用例,而"执行全部测试用例"是运行了所有的测试用例,两者在实际测试过程中运用得都比较少,因为"对变更功能进行测试"存在的风险比较高,"执行全部测试用例"工作量巨大。一般来说,对与变更相关联的功能进行测试和对关键功能点进行测试在测试过程中运用较多,在平衡进度、成本和质量的前提下,选择回归测试策略,尽量覆盖风险高的功能和模块。由于对软件或变更进行了相关的影响分析,测试重点会放在软件关键功能或软件变更可能会影响到的功能和模块,这样可以利用较少的资源保障软件的质量。

测试实施阶段的输出物还有缺陷记录,是测试三要素中的结果记录,是测试执行的产物,可能是静态文档审核缺陷,也可能是动态功能实现缺陷或性能缺陷等,一般由测试设计人员、测试执行人员提交,测试项目负责人审核、汇总。从不同角度对测试记录进行分析,可以整体了解被测软件的薄弱模块,直观地展现软件质量,侧面反映软件研发的短板。由于缺陷记录需要在测试组、研发组或客户间流转,因此对缺陷的描述需要严谨、准确,尽量用简洁易懂的语言把缺陷描述清楚,多数情况可配图说明,达到即使未接触过被测软件的人员拿到缺陷记录也能了解缺陷的具体表现的目的。

(4)测试评估阶段

测试评估是整理和分析测试结果数据,评价测试效果和被测软件项,描述测试状态。完成软件测试报告和缺陷报告,对软件的质量、开发和测试的工作情况等进行量化评估。测试评估贯穿测试的四个阶段:单元测试、集成测试、系统测试和验收测试。四个阶段测试均需要独立进行测试评估,作为每个测试阶段的里程碑,评估重点也会存在差异。

测试负责人需要对整个测试过程和结果做出系统性的评价,评估测试的完成度是否达到测试方案规定的目标、软件的质量是否满足用户需求和设计要求,最终决定软件能否通过测试。

测试报告和缺陷报告一般由测试执行人员编写初稿,测试设计人员辅助编写,测试负责人审核,测试经理批准。

(5)项目总结/归档阶段

项目总结/归档一般由测试项目负责人组织,项目经理监督。归档阶段所有的测试执行活动完成并输出测试报告后,并不代表测试活动已经全部结束。当确定测试结束时,应当收集主要的过程数据、输出成果,并交给相应的人员或归档,这些活动为测试结束活动。测试经理和测试组成员需要将测试工作过程记录数据和交付物归档,同时对测试过程和测试活动进行相关数据的收集和分析,总结测试过程和测试活动的经验、教训,例如,测试活动的项目启动信息收集是否满足后续需求,测试准备的测试方案是否合理,测试计划制订得是否合理,是否实现了测试计划设定的目标,有哪些非期望的事情和风险发生,发生的原因是什么,是不是有效地解决了这些风险,是否存在没有解决的变更请求等,测试总结要点如表 2-8 所示。

表 2-8 测试总结

测试总结

软件名称			版本号		
送测日期		要求截止时间		实际完成时间	
测试组成员			测试项目 负责人		
测试阶段	问题提出	实际情况	发生原因	现场解决方案	改进措施
项目启动	信息收集是否满足后续需求?				
	文档收集是否满足后续需求?				
	通信录中信息是否满足一般需求?				
测试准备	测试方案是否合理?				
	是否实现了测试方案设定的目标?				
	测试计划制订得是否合理?				
	资源分配是否满足要求?				
	软件框架图和功能框架是否全面且满足后续要求?				
测试实施	测试数据是否满足测试需求?				
	测试工具是否满足测试需求?				
	测试用例设计是否全面?是否完全执行?				
	回归测试策略是否满足要求?				
	测试环境清单记录是否全面?				
	缺陷记录是否易于理解?缺陷是否准确?				
	缺陷是否全部修复?				
	测试中的变更记录是否全面?执行是否合理?				

续表

测试阶段	问题提出	实际情况	发生原因	现场解决方案	改进措施
测试评估	测试结果评价是否准确？				
	测试报告是否易于理解？				
	缺陷报告是否满足质量分析要求？				
	测试任务是否延误？				
项目总结/归档	测试总结是否需要更新？				
	归档材料是否齐全？流程是否合理？				
	测试总结归档是否即时进行？				
其他	是否有其他非期望的事情和风险？				

　　测试结束活动中相关数据的分析主要用来回答测试过程中哪些方面做得不够好、为什么会存在这些问题、哪些方面做得比较好及相应的经验、如何在下一个项目中能够做得更好等问题。这些内容的分析可以让测试团队成员了解测试过程中的经验和教训，从而帮助测试团队在以后的测试中尽量避免重复以前的错误。同时，这些经验和教训也可以帮助其他项目或其他测试团队改进测试过程，以及提高软件的质量。把这些发现结果使用在以后的项目中，可以帮助后继项目持续改进。

　　测试结束活动主要包括以下 4 个方面：

　　①确保所有的测试工作全部完成。例如，所有计划的测试都已经执行；提交的缺陷已经修复，并且进行了相应的回归测试；遗留缺陷都经过项目组的风险分析，认为在当前版本不进行该缺陷的修复而存在的风险是可以接受的，或者当前的资源限制无法解决这个缺陷，确定这些缺陷需要留到下一个版本解决等。

　　②测试过程数据归档。例如，测试过程中的性能测试脚本和运行结果、安全扫描结果、交付物等的电子版或纸质版需要递交专门人员归档；延期的或者无法解决的缺陷需要和使用软件产品的用户进行沟通，将测试文档、测试环境等移交给后续进行维护测试的小组。

　　③总结经验和教训。记录测试过程中所有的经验和教训，并且将经验和教训文档化，以避免在以后的测试中重复这些错误。例如：在测试的后期发现不曾预料的缺陷集群，测试团队分析之后发现，假如在早期的风险识别会议上邀请更加广泛的业务干系人来参加，就可以减轻或者避免这类风险的发生；实际的测试工作量和原来估算的工作量差距很大，分析工作量估算误差大的原因是实际系统与需求文档差异较大，在以后的工作量估算中，将这些因素考虑在内，不断提高测试工作量估算的精度。

　　④如果测试任务中发现的缺陷是有时代性或特定趋势的，就应分析引起缺陷的原因和影响。例如，云测试项目中的权限管理功能，云项目一般采用身份鉴别的方式识别并分配软件权限，涉及人员范围广，如果该模块产生缺陷，对软件产品的用户体验、数据安

全等都会造成很大的影响,典型的云平台应用——SaaS 平台,即供应商将应用软件统一部署在供应商负责的服务器上,客户可以根据工作实际需求,通过互联网向供应商订购所需的应用软件服务,按订购的服务多少和时间长短向厂商支付费用,并通过互联网获得 SaaS 平台供应商提供的服务。

上述测试结束活动非常重要,而在实际测试过程中却常常被遗漏。因此,应该将测试结束活动明确包含在测试计划中。遗漏或延迟测试总结及归档的原因是多方面的,例如,测试人员过早地被分配到下一个软件产品测试,下一个软件产品测试的资源或进度的压力、测试团队过于疲劳等。

在测试总结的同时测试组成员还需要对测试环境进行清理,以便尽可能地保护客户的数据安全并满足保密要求,并减少本次测试对下一个测试任务的影响。主要任务包括禁用或关闭测试账户和密码权限、卸载被测软件及相关配件等。

上述工作完成后,测试流程基本完成,如图 2-2 所示。

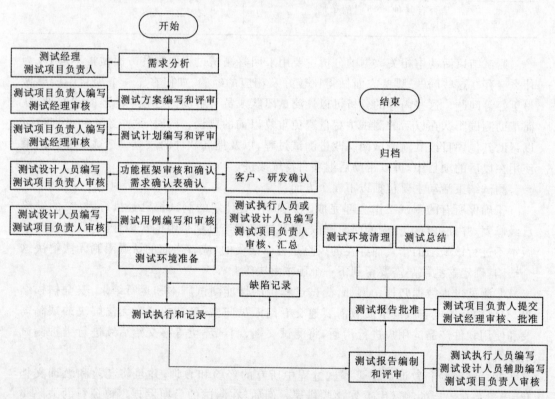

图 2-2 软件测试流程

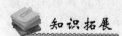 **知识拓展**

测试文档集可由一个文档或多个文档组成。一般包含测试方案、测试计划、测试用例、缺陷记录、测试报告等。测试文档集中的每个文档不应自相矛盾。适用时,每个文档都应包括标题、软件标识、修改历史或说明该文档演变的任何其他元素、目的或对内容的

说明、该文档正文中引用的文档的标识符、有关作者和审查者的信息、术语表等。

2.1.2 项目阶段的流程特点

根据上一节的讲解,对软件测试的整体流程已经形成初步认识,下面将针对单元测试、集成测试、系统测试、验收测试等的特点进行流程内容补充,如表 2-9 所示。

表 2-9　　　　　　　　　　　项目阶段的流程特点

测试阶段	需求阶段	设计阶段	单元阶段	集成阶段	系统阶段	验收阶段
测试内容	需求文档测试	设计文档测试	单元测试	模块功能测试 模块接口测试	用户界面测试 关键业务路径测试 系统接口测试 负载测试 压力测试 信息安全性测试	功能测试 性能测试 兼容性测试 可移植性测试 非功能测试 等级保护测评
测试目标	测试关注需求文档的正确性。通过研发需求文档与用户需求之间的比对,确保需求的正确性。同时建立测试初步需求模型框架	测试关注设计文档的正确性。通过研发设计文档与需求模型框架的比对,确保设计的准确性。进而汇总功能点并建立功能框架	评审开发方提供的单元测试文档,单元测试由程序员来完成。测试注重软件单元功能的完整性及准确性	关于应用系统的各个模块的联合测试,用于测试各模块能否在同一工作并没有冲突。集成测试是单元测试的逻辑扩展。接口测试是测试模块间接口的一种测试	系统测试注重测试整个系统的功能,例如关键业务路径测试,特别是用户界面测试;还包含对软件所依赖硬件的间接测试、压力/负载测试,以期获得系统的基本性能参数。此外,系统测试还包含应用软件之间的接口测试。 用户界面测试的目标是确保通过测试对象的功能实现来为用户提供相应的用户界面访问或浏览功能。包括用户友好性、人性化、易操作性测试。 负载测试的目标是探索在不同并发条件下,系统是否能稳定工作,是一种了解系统性能瓶颈的测试方法。 压力测试的目标是确保系统在接近最大预期工作量的情况下仍能正常运行	验收测试是全过程测试的最后一个阶段,对系统进行测试和验收,确定系统软件是否能够满足合同或用户需求的测试。它让用户决定是否接收系统。测试内容包含: 兼容性测试注重客户端测试,测试应用软件是否在不同的浏览器成功运行。 可移植性测试关注服务器端应用系统软件是否可以被成功移植到指定的硬件或软件平台上。 性能测试是交替进行负荷和强迫测试,验证软件的性能是否符合性能指标。 非功能测试是与功能不相关的需求测试,非功能测试特点包含可靠性、可维护性等

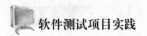

续表

测试阶段	需求阶段	设计阶段	单元阶段	集成阶段	系统阶段	验收阶段
输入条件	具备测试招标书、合同需求部分、需求规格说明书及其他和需求相关的文档或用户需求	完成需求文档测试,具备概要设计说明、详细设计说明、数据库设计说明等研发设计文档	具备单元测试报告、单元功能列表、单元测试用例	完成单元测试,具备概要设计说明、详细设计说明、数据库设计说明	完成集成测试,具备概要设计说明、详细设计说明、数据库设计说明	具备概要设计说明、详细设计说明、数据库设计说明、操作手册、用户手册
测试方法	人工评审;平台数据处理	人工评审;平台数据处理	人工评审;平台数据处理	黑盒测试;平台数据处理	黑盒测试;性能测试工具;平台数据处理	黑盒测试;性能测试工具;平台数据处理
输出结果	需求比对差异表;初建模块框架;缺陷记录	设计功能点比对表;建功能框架;模块关系表;缺陷记录	单元功能比对表;缺陷记录;实际系统功能点核对	集成缺陷问题报告;模块关系比对表;建关键业务路径模型	系统缺陷问题报告;系统关系比对表	验收缺陷问题报告;验收测试报告
缺陷类型	需求缺陷(包含文档中的遗漏及偏差)	设计缺陷(包含文档中的遗漏及偏差)	单元缺陷(包含单元测试文档中的偏差)	模块缺陷;接口缺陷	用户界面和安全缺陷;负载和压力缺陷;系统接口缺陷;关键业务路径缺陷	功能和性能缺陷;兼容性和抑制性缺陷;安全和其他非功能缺陷

　　根据软件测试"尽早了解被测系统,尽早接入测试"的原则,在软件的全生命周期中,从需求分析开始,早入手,早了解,使问题早发现。如果在需求分析阶段发现系统存在的缺陷,或者发现不可测试的地方,可以及时进行修订,避免后期可能的因修复缺陷带来的成本压力。

　　可以通过以下几个方面来实现软件测试尽早接入研发工作中:

　　①尽早建立测试组,给测试组内的员工磨合的时间,形成团队效应。

　　②测试工程师要尽早参与项目过程的前端,要参与需求分析、需求评审、概要设计、详细设计等。

　　③各类研发文档要尽早提交给测试组,让测试组对需求和设计有全面、深入的了解。

　　④开发组要尽早提供可运行的软件产品,以便能够尽早发现该产品的缺陷。

　　⑤尽早明确软件测试的各个阶段的主要目标,以保证项目测试的整体目标不偏离。

　　⑥研发计划中要给测试留出足够的时间和资源。

　　另外,软件生命周期较长,涉及的人员岗位较多,并且所有人都可以提交缺陷,不管是测试人员还是开发人员,甚至是市场人员、高级管理人员,只要发现了缺陷就可以提交,缺陷来源的特点体现了缺陷管理软件使用的必要性。因此需要明确缺陷管理流程和原则,缺陷也是测试团队的资产,缺陷的数量和有效性关系每个测试工程师的工作效率和成果,是测试成果的体现。要避免缺陷遗漏的风险,就必须建立明确的缺陷管理流程,即需要一个缺陷管理系统。缺陷管理有以下几个原则:

①只有测试人员可以管理缺陷,特别是开发人员不得随意关闭缺陷;

②开发人员和测试人员针对某个问题存在不同理解时,应当组织相关人员审核确认;

③任何人都不能随意删除一个任意状态的缺陷记录。

需求阶段和设计阶段的测试关注文档的正确性。通过研发设计文档、需求规格说明书与用户需求之间的比对,确保软件设计的正确性。同时建立测试初步需求模型框架。主要缺陷为需求缺陷,包含文档中的遗漏及偏差。

通常意义上的单元测试执行由开发人员完成,常常接在代码编写之后,需要依据详细设计说明书和源程序清单,了解该模块的 I/O 条件和模块的逻辑结构,主要采用白盒测试的测试用例,辅之以黑盒测试的测试用例,使之对任何合理的输入和不合理的输入都能够鉴别和响应。采用的测试工具有 C/C++、C++Test、Visual、gtest、C♯、Java 等。主要任务是解决模块接口测试、局部数据结构测试、路径测试、错误处理测试、边界测试等方面的问题。表 2-9 中介绍的单元测试是由测试人员执行的,在开发人员执行单元测试之后开始,主要注重软件单元功能的完整性及准确性,保证软件实现需求中所要求的功能。一般在开发环境下进行,主要缺陷为单元缺陷,包含单元测试文档中的偏差。

集成测试是指经过单元测试,按照设计要求连接起来的模块所形成的系统或子系统进行测试的活动。实践表明,一些模块虽然能够单独工作,但并不能保证连接起来也能正常工作。程序在某些局部反映不出来的问题,在全局上很可能暴露出来,导致软件功能未能实现。集成测试一般在开发环境或者测试环境中进行,发现的缺陷为模块缺陷和接口缺陷。

集成测试是对应用系统的各个模块的联合测试,用于测试各模块能否在一起共同工作并没有冲突。集成测试是单元测试的逻辑扩展。主要为接口测试,包括模块间接口和外联系统间的接口。集成测试的策略有很多种,常用的是一次性集成测试、增量式集成测试。集成测试的原则有如下几条:

①所有公共接口必须被测试到;

②关键模块必须进行充分测试;

③集成测试应当按一定层次进行;

④集成测试策略选择应当综合考虑质量、成本和进度三者之间的关系;

⑤集成测试当尽早开始,并以概要设计为基础;

⑥在模块和接口的设计规则上,测试人员应该和开发人员进行充分沟通。

系统测试的主要目标是验证系统功能的完整性,保证系统各模块的功能满足基本业务需求,确保系统测试的活动按计划进行,模块能够正确取得数据并处理,各业务流程正常运行。系统测试注重测试整个系统的功能,例如关键业务路径测试,特别是 UI(用户界面)测试;通过压力/负载测试,以期获得系统的基本性能参数,也是对软件所依赖硬件的间接测试;此外,系统测试还包含应用软件之间的接口测试和系统的安全测试。UI测试的目标是确保通过测试对象的功能实现来为用户提供相应的用户界面访问或浏览功能,包括用户友好性、人性化、易操作性测试。负载测试的目标是探索在不同并发条件下,系统是否能稳定工作,是一种了解系统性能瓶颈的测试方法。压力测试的目标是确保系统在接近最大预期工作量的情况下仍能正常运行,并监控系统资源运行情况,包括内部内存、CPU可用性、磁盘空间、网络带宽等。信息安全性测试一般为应用扫描测试,通过安全工具对被测系统应用层面进行漏洞扫描,发现SQL注入、跨站脚本等应用漏洞。发现的缺陷主要为UI缺陷、负载和压力缺陷、系统接口缺陷、关键业务路径缺陷、信息安全性缺陷。

验收测试是软件全过程中的最后一个阶段,对系统进行测试和验收,确定系统软件是否能够满足合同或用户所需求的测试,确保软件准备就绪,并可以让最终用户将其用于执行软件的既定功能和任务。测试内容包含:兼容性测试,注重客户端测试,测试应用软件是否能在不同的浏览器、操作系统中成功运行;可移植性测试关注服务器端,测试应用系统软件是否可以被成功移植到指定的硬件或软件平台上;性能测试是交替进行负荷和强迫测试,验证软件的性能是否符合性能指标;其他非功能测试包含可靠性、可维护性等;信息安全等级保护测评是对信息系统的新要求,根据《中华人民共和国网络安全法》的要求确定系统是否需要进行该项测评,测评内容包含物理安全、网络安全、主机安全、应用安全、数据安全、管理安全6个方面。验收测试一般在UAT(用户验收测试)环境下进行,信息安全等级保护测评一般在正式环境下进行。

回归测试可以应用在软件项目的各个测试阶段:单元测试、集成测试、系统测试和验收测试。软件开发生命周期中的任何阶段都会发生软件的变更。软件变更之后都需要开展相应的回归测试。可能的变更包括缺陷的修复、版本变更和升级、数据库的变更和升级、软件使用平台的变更和升级等。

测试报告在软件项目的各个测试阶段内容是可以不同的,可以使用报告类型区分不同阶段的测试报告,例如报告类型为验收测试,则该报告为验收测试阶段的测试报告。这些报告在提交人、读者、报告产生的阶段、报告的关注点、报告的依据和报告审核人方面各不相同。

2.2　软件测试行业服务模式质量控制

2.2.1　测试行业的服务模式

随着软件行业的迅猛发展,测试行业也在飞速发展,在时代的推动下,测试行业的服务模式也有了不同发展方向,例如:项目团队内部测试、测试项目外包服务、测试人员外包服务、检验检测机构测试服务等。

(1)项目团队内部测试

内部测试是指软件开发企业具有自己的研发团队和测试团队,测试任务由企业自有的测试团队完成。现阶段一般研发人员与测试人员的比例为10:1,即10名研发人员配备1名测试人员,导致这种情况有很多原因:

①虽然研发企业已经知道系统质量保证和软件测试的重要性,但是由于经费、预算方面的原因,他们不会支付额外的金钱引进测试队伍;

②招募过程中无法评估该人员的测试水准和能力;

③需要保持测试人员能力水平,还需要为测试人员安排测试技术培训;

④无法正确、快速地组建测试团队以融合到研发过程中;

⑤无法系统地使测试人员最快地掌握最新测试技术用以满足研发需求;

⑥如果各个项目的进度不是连续性的,测试人员的工作有可能会出现阶段性停滞而增加成本。

上述这些问题的解决会大大增加客户的额外成本。

(2)测试项目外包服务

测试项目外包服务能够很好地解决客户成本问题。测试项目外包服务是企业把一套成型的产品交给专门的测试组织进行测试,检验产品是否达到用户的使用标准。其有三种服务模式:现场测试、公司内部测试和设立联合研发中心。测试项目外包服务中测试任务由另外一个或多个承包方的测试团队完成,且测试地点和发包可以不在同一个地方。测试项目外包服务在全球范围内被广泛使用,它能够为客户降低成本、降低风险、提高质量、提高响应速度、提供灵活的人力资源等,详细说明如下:

①降低成本:很多采用外包测试的组织的初衷都是为了降低成本。通过外包测试可以大大降低研发企业的成本,主要包括劳动力开支、招聘费用、国家保险费、工作场所等。

②降低风险、提高质量:外包服务提供方长期从事软件测试,对软件测试有很深的认识,能够提高质量,降低测试的风险。

③提高响应速度:外包服务提供方具有充足的测试人员,能够及时、有效地完成测试任务。

④提供灵活的人力资源:外包服务提供方从组织上并不属于研发企业,所以研发企业不需要对承包人员的长期发展直接负责,通常,双方的合同到项目结束就会中止。这样研发企业不会因为没有后续项目而产生人员闲置的情况。尤其是在当今世界经济剧烈动荡的情况下,项目外包测试更有利于降低人力资源方面的风险。

(3)测试人员外包服务

测试人员外包是由其他非本组织成员承担,与项目团队在同一地点工作。测试人员外包和测试项目外包不同的是,研发企业的工作人员和外包测试人员在相同的工作地点,服务提供方把工作人员直接派遣到研发企业的工作场所。采用测试人员外包这一方式,研发企业必然会有成本的增加,例如,研发企业要为外包工作人员提供额外的工作场所和相关办公环境,以及可能需要负担额外的生活成本。测试人员外包除了具有测试项目外包的保证质量、提高效率和灵活的人力资源等优点外,还有一些测试项目外包不具有的优点:

①研发企业可以采用相同的管理方式和过程,很方便对外包测试人员进行管理;

②能够快速建立工作环境,并及时对外包测试人员进行相关的培训;

③可以从外包测试人员处学到很多原来不具备的专业技能。

(4)检验检测机构测试服务

检验检测机构是指专业的第三方测试服务机构,具有 CMA(美国注册管理会计师)、CNAS(中国合格评定国家认可委员会)等检测资质的企业。第三方测试就是由既非软件开发方亦非软件使用方的人来对软件进行测试,这个时候一般需要引入可靠、公正,并且得到双方认可的第三方测试机构,进行测试、检验,并出具检测报告。以用户需求为依据,根据国家标准或行业标准出具的测试结果比较公正,不偏向任何一方,能更好地评估软件的整体性能。选择第三方测试机构时一般考虑:

①检测资质,如 CMA、CNAS 等,能够严格按照国家标准出具检测报告;

②硬件条件,比如计算机网络硬件平台和系统软件平台环境、测试工具等。

根据检测报告用途的不同,第三方测试机构的业务类型可以总结为以下几种:验收测试、鉴定测试、安全测评、专项测试(性能效率测试、功能测试等)、登记测试等。

伴随着测试服务的多元化发展,测试活动质量被提上日程,怎么保证不同测试服务能够保质保量地完成测试任务,成为测试企业的重点研究方向。

2.2.2 测试质量控制

2.2.2.1 质量体系

测试质量控制的一个关键因素在于测试企业的质量管理体系,质量管理体系是指在质量方面指挥和控制组织的管理体系。软件测试质量管理体系是企业内部建立的为实现测试质量目标所必需的系统的质量管理模式,是企业的一项战略决策。它将资源与过程结合,以过程管理方法进行的测试活动管理,根据企业特点选用若干体系要素加以组合,一般由管理活动、资源提供、监督监控、分析与改进活动相关的过程组成,可以理解为涵盖了从确定测试需求、测试准备、测试实施、测试分析、测试总结等全过程的策划、实施、监控、纠正与改进活动的要求,一般以文件化的方式成为企业内部质量管理工作的规范。

针对质量管理体系的要求,国际标准化组织的质量管理和质量保证技术委员会制定了 ISO9000 族系列标准,用于指导企业质量管理体系的建立。

在整个软件测试过程中,测试人员采用事前准备、风险预防,事中控制、执行,事后总结与提高的工作模式。每个流程节点均需设置审核流程,从测试组内保障测试质量。同时,在测试活动进行时,企业质量管理人员(QA)对整个活动进行抽查监控,包括人员配置、文档使用、标准理解、执行规范等,并对测试过程中的问题进行记录、汇总。QA 问题的解决方式一般有两种,一种为偶然性问题,可以当场改正;另一种为测试活动规则问题或普遍性问题,现场纠正后仍需要采取纠正措施或预防措施。对于过程中的执行漏洞,包括测试总结中的问题均需要安排人员进行跟踪、关闭。

软件测试过程中,质量管理的角色和职责如表 2-10 所示。

表 2-10　　　　　　　　　　　　　质量管理的角色和职责

QA 角色	QA 职责	QA 工作产品
项目质量保证组	适用时,收集每周的状态报告、会议纪要、项目专题报告,了解项目执行状况,识别项目问题; 根据项目信息和项目风险报告,评估项目的潜在风险; 参加项目里程碑阶段内审,收集项目里程碑阶段工作产品评审报告,跟踪了解评审问题的处理情况; 与测试经理沟通并确认所发现的项目 QA 问题及解决方案,跟踪项目 QA 问题的解决,直至关闭; 提供必要的过程管理规范、模板、工具等方面的支持	问题跟踪表 风险检查表 项目会议纪要
测试经理	对项目的 QA 活动提出指导性要求和改进方向; 确认发现的项目 QA 问题及解决方案; 根据项目 QA 情况,决定项目的资源配置	—
测试项目负责人	按照公司、部门和用户对项目管理的要求,执行质量保证工作; 确定项目实施过程中所需的各种工作文档的模板和文件命名、编号规则; 编制各种测试管理工作文件和报告; 监控测试任务的变更与工作产品之间的可追溯关系; 协同项目组解决各种 QA 问题	项目阶段报告 项目例会会议纪要 项目专题报告 项目联络文件 评审记录和报告 用户确认的相关文档 项目变更相关文档
配置管理组	按项目的配置管理计划,实施项目的配置管理活动; 按照计划进行工作产品版本控制和基线建立; 根据变更控制流程,对变更引起的工作产品变更进行版本控制和基线变更; 对各类外来文件进行配置,统一存放和登记; 对测试管理的相关文件、报告、记录进行配置管理,统一存放和编号	配置管理报告 项目文件发放/ 签收记录表
测试组	制订测试计划,编制测试用例; 发现系统问题,记录测试结果; 统计测试结果,分析共性问题,提出改进建议	各个阶段的测试记录 测试问题分析报告

　　为保证测试活动的正常运行,确保测试质量可控,对测试活动执行跟踪和监控的具体措施,措施应包括跟踪项目状态,制定周报制度、例会制度、阶段总结制度、项目阶段评审制度、项目变更流程制度,记录项目过程数据等。

　　企业对项目各个阶段的可交付工作产品都将交付业主方进行确认。

　　企业内部首先对项目各个阶段的工作产品实施严格的内部评审制度,评审的具体要求如下:

　　①测试经理负责组织执行阶段评审;

　　②不管采用以上何种评审形式,都必须有评审记录(包括邮件记录),都必须对评审的问题进行跟踪,确保问题解决;

　　③执行会议评审时,提前将评审材料及会议通知发送给各个评审人员,以便评审人员安排时间及对评审材料进行预审;

④QA 人员需检查项目评审计划中所要求的评审活动是否都已经执行,QA 人员需检查评审问题跟踪表中的问题是否都已经得到解决;

⑤在由客户组织召开评审会时,评审组成员需参加会议,并获取会议纪要,作为评审记录归档文件,同时跟踪并确保会议纪要中所列举的己方相关问题都已经得到解决;

⑥对于评审通过后的工作产品,必须作为阶段性成果归档;

⑦对于评审不通过的工作产品,须在工作产品完成修改后重新进行评审。

2.2.2.2 风险管理

众所周知,软件测试是把控软件质量的重要防线。测试的原则之一:穷尽测试是不可能的,测试不能做到流程、路径、数据等百分之百覆盖测试,也不能保证经过测试的、交付出去的软件版本不存在任何缺陷,这些都代表着软件测试活动是有风险的。为了预防可能的风险,保证测试活动的质量,软件测试的风险分析势在必行。这里谈到的软件测试风险,侧重于软件测试活动,即测试的深度或广度不够、遗漏缺陷等。

风险管理是研究风险发生规律和风险控制技术的新兴管理科学,是一个组织或个人用以降低风险负面影响的决策过程。风险管理的对象是风险。风险管理的目标是识别、分析、评价系统当中或者与某项行为相关的潜在危险,寻找并引入风险控制手段,消除或者减少这些危险对人员、环境或者其他资产的损害,以最小的成本收获最大的安全保障。

测试风险管理包括测试风险的识别、分析、评价和应对,即识别测试需求、设计和执行过程中的各种风险,分析其发生的概率、带来的影响、产生的原因等,评价哪些是可避免的风险、哪些是不可避免的风险,对可避免的风险要尽量采取措施去规避,对不可避免的风险制订防范措施,以缓解风险或转移风险。

检查表法是典型的定性风险评估(风险识别、风险分析、风险评价)方法,通过邀请经验丰富的测试风险评估专家,根据风险评估的规范、标准等制订详细、明确的检查内容。依据制订的检查表逐项检查、逐个确认,是一种有效且简单的方法,具有很强的可操作性,此处给出一个简易的测试风险检查表,如表 2-11 所示。

表 2-11 测试风险检查表

序号	类别	内容
1	测试时间进度风险	用户需求变更、资源配置、工作量预估
2	测试质量目标风险	易用性测试目标、用户文档的测试目标等
3	环境风险	测试环境与生产环境的差异
4	人员风险	测试人员的状态、责任感、行为规范、到岗情况
5	回归测试风险	回归测试的策略选择
6	需求变更风险	软件项目变更频繁,影响测试活动
7	测试充分性风险	测试用例覆盖率很难达到 100%,部分测试用例设计时忽视了边界条件和深层次的逻辑关系,部分测试用例被测试人员有意无意地忽略执行

续表

序号	类别	内容
8	测试范围认知风险	测试范围分析误差,出现测试盲区或验证标准错误
9	测试工具风险	能否及时准备相关测试工具,测试人员对新工具无法熟练运用,工具执行可能会与实际业务存在差异

测试风险评估和应对措施如表 2-12 所示。

表 2-12　　测试风险评估和应对措施

风险因子	可能影响范围	风险可能发生阶段	风险等级	预防措施
测试范围不够明确,项目文档等是否齐全、是否编写规范等不明确	无法进行有效的项目分析,无法明确测试范围;项目进度无法预估,工作量预估困难	项目启动阶段	高	通过与客户、审计或监理方沟通明确测试需求及项目文档情况;通过项目文档了解测试范围
测试范围增加	导致测试方案、工作量等发生变化	随时	高	和用户充分沟通,完成需求分析,调整测试策略和进度计划
实际开发软件与测试需求规格说明书存在差异或完全无法对应	测试报告中功能描述无法与需求对应;测试进度延误,无法正常完成测试工作	测试实施及测试评价阶段	高	了解项目进度,及时与客户、审计或监理方交流,明确需求变更情况,再次明确测试需求。更新测试文档,调整测试计划
开发进度延长,软件无法交付测试	推迟测试进场时间和测试进度	测试实施阶段	高	设定更多的子里程碑,控制整体进度,做好沟通、协调
设计时间不足、代码互审和单元测试不够,导致开发中代码质量低	缺陷太多、问题严重,反复测试的次数和工作量大	测试实施阶段	高	做好软件设计,提高编码人员的编码水平,进行单元测试;严格控制提交测试的版本,调整测试策略和计划
对需求的理解偏差太大。原因是缺乏原型、与客户沟通不足、需求评审不到位	对缺陷、设计的合理性等确认困难	测试准备阶段	高	与用户、产品经理多沟通,并借助一些原型和演示版本来改进
生产环境执行测试	导致生产环境数据异常,甚至停产	测试实施阶段	高	测试实施前做好备份操作;通知相关人员测试活动时间,或尽量避开业务繁忙时间;针对重要操作提前进行培训

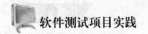

续表

风险因子	可能影响范围	风险可能 发生阶段	风险 等级	预防措施
测试工程师对业务不熟悉，主要原因是业务领域新、测试人员是新人或介入项目太迟	测试数据准备不足、不充分，测不到关键点，同时测试效率难以提高	测试实施阶段	中	测试人员及早介入项目，与产品经理，市场、设计等各类开发人员沟通，加强培训，建立伙伴、师傅带徒弟的关系
人员变动	影响测试工作顺利开展	随时	中	建立完善的项目人员备份，所有项目数据都记录存储在检验检测管理平台，降低人员变动带来的影响

2.2.2.3 质量管理标准

质量管理标准如表 2-13 所示。

表 2-13　　　　　　　　　质量管理标准

序号	标准编号	标准名称	标准类型
1	GB/T 19000—2016	质量管理体系 基础和术语	国家标准
2	GB/T 19001—2016	质量管理体系 要求	国家标准
3	GB/T 19014—2019	质量管理 顾客满意 监视和测量指南	国家标准
4	GB/T 23694—2013	风险管理 术语	国家标准
5	GB/T 27921—2011	风险管理 风险评估技术	国家标准
6	GB/T 27423—2019	合格评定 检验检测服务风险管理指南	国家标准
7	GB/T 31722—2015	信息技术 安全技术 信息安全风险管理	国家标准
8	GB/Z 24364—2009	信息安全技术 信息安全风险管理指南	国家标准
9	GB/T 20032—2005	项目风险管理 应用指南	国家标准
10	GB/T 20918—2007	信息技术 软件生存周期过程 风险管理	国家标准
11	GB/T 20984—2007	信息安全技术 信息安全风险评估规范	国家标准
12	RB/T 214—2017	检验检测机构资质认定能力评价 检验检测机构通用要求	行业标准
13	RB/T 203—2018	信息安全领域检验检测机构安全管理要求	行业标准
14	ISO 9000:2015	Quality Management Systems-Fundamentals and Vocabulary 【质量管理体系 基础和术语】	国际标准

序号	标准编号	标准名称	标准类型
15	ISO 9001:2015	Quality Management Systems-Requirements 【质量管理体系 要求】	国际标准
16	ISO 10004:2018	Quality Management-Customer Satisfaction-Guidelines for Monitoring and Measuring 【质量管理 顾客满意 监控和测量指南】	国际标准
17	ISO 31000:2018	Risk Management-Guidelines 【风险管理 指南】	国际标准
18	ISO/IEC 27001:2013	Information Technology-Security Techniques-Information Security Management Systems-Requirements 【信息技术 安全技术 信息安全管理体系 要求】	国际标准
19	ISO/IEC 27005:2018	Information Technology-Security Techniques-Information Security Risk Management 【信息技术 安全技术 信息安全风险管理】	国际标准

2.2.3　软件质量要求

过去将软件质量分为内部质量、外部质量和使用质量,像代码的规范性、复杂度、耦合性等可以看作内部质量,内部质量和外部质量共用一个质量模型。现在国际/国家标准将软件质量分为产品质量和使用质量。内部质量和外部质量合并为产品质量,产品质量可以认为是软件系统自身固有的内在特征和外部表现,而使用质量是从客户或用户使用的角度去感知到的质量。产品质量影响使用质量,而使用质量依赖产品质量。质量是相对客户而存在的,没有客户就没有质量,质量是客户的满意度。

现在软件测试行业检验检测活动普遍使用的测试技术标准为《系统与软件工程 系统与软件质量要求和评价(SQuaRE) 第10部分:系统与软件质量模型》(GB/T 25000.10—2016)(以下简称 GB/T 25000.10—2016)和《系统与软件工程 系统与软件质量要求和评价(SQuaRE) 第51部分:就绪可用软件产品(RUSP)的质量要求和测试细则》(GB/T 25000.51—2016)(以下简称 GB/T 25000.51—2016)。GB/T 25000.10—2016 规定了系统与软件质量模型,GB/T 25000.51—2016 是针对就绪可用软件产品的质量要求和测试细则。

两个标准中无论是产品质量还是使用质量,既是软件研发需要遵守的质量原则,也是测试活动的检测依据。

产品质量及
使用质量

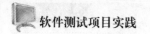

2.3 软件测试的标准规范和法律法规

2.3.1 标准的发展史和有效性

标准的制定通常是一个长期和艰难的过程。标准是由专业人士建立的,反映了集体的智慧。目前常见的标准有国际标准、国家标准和行业标准。国际标准又分为国际电工委员会(IEC)、国际标准化组织和国际电信联盟(ITU)制定的标准。不同的国家一般都有自己的国家标准。行业标准是专门针对特定领域的标准。

《中华人民共和国标准化法》将中国标准分为国家标准、行业标准、地方标准、企业标准四级。并将标准分为强制性标准、推荐性标准和指导性技术文件。截至 2020 年 7 月,《中华人民共和国标准化法》于 1988 年 12 月 29 日第七届全国人民代表大会常务委员会第五次会议通过,2017 年 11 月 4 日第十二届全国人民代表大会常务委员会第三十次会议修订,2017 年 11 月 4 日中华人民共和国主席令第 78 号公布,自 2018 年 1 月 1 日起施行,现行有效。

《中华人民共和国标准化法》中规定:对需要在全国范围内统一的技术要求,应当制定国家标准。国家标准由国务院标准化行政主管部门制定。对没有国家标准而又需要在全国某个行业范围内统一的技术要求,可以制定行业标准。行业标准由国务院有关行政主管部门制定,并报国务院标准化行政主管部门备案,在公布国家标准之后,该项行业标准即行废止。对没有国家标准和行业标准而又需要在省、自治区、直辖市范围内统一的工业产品的安全、卫生要求,可以制定地方标准。地方标准由省、自治区、直辖市标准化行政主管部门制定,并报国务院标准化行政主管部门和国务院有关行政主管部门备案,在公布国家标准或者行业标准之后,该项地方标准即行废止。企业生产的产品没有国家标准和行业标准的,应当制定企业标准,作为组织生产依据。企业的产品标准须报当地政府标准化行政主管部门和有关行政主管部门备案。已有国家标准或者行业标准的,国家鼓励企业制定严于国家标准或者行业标准的企业标准,在企业内部适用。

了解标准

测试经理应该了解标准是如何创立的,在工作环境当中如何使用,以及使用这些标准可能的收益和风险等。

2.3.2 国内软件测试技术标准规范

软件测试依据的国家技术标准规范截至 2020 年 7 月主要有以下内容,如表 2-14 所示,其中 GB/T 25000 系统与软件工程系列标准现行有效共计 23 个,列表中只统计了其中的 3 个常用测试依据。列表中展示的仅为部分标准,如需其他标准可以到全国标准信息公共服务平台查询。

表 2-14　　　　　　　国家技术标准

序号	标准编号	标准名称	标准类型
1	GB/T 18492—2001	信息技术 系统及软件完整性级别	国家标准
2	GB/T 8567— 2006	计算机软件文档编制规范	国家标准
3	GB/T 9386—2008	计算机软件测试文档编制规范	国家标准
4	GB/T 25000.1—2010	软件工程 软件产品质量要求与评价（SQuaRE）SQuaRE 指南	国家标准
5	GB/T 25000.10—2016	系统与软件工程 系统与软件质量要求和评价（SQuaRE）第 10 部分:系统与软件质量模型	国家标准
6	GB/T 25000.51—2016	系统与软件工程 系统与软件质量要求和评价（SQuaRE）第 51 部分:就绪可用软件产品（RUSP）的质量要求和测试细则	国家标准
7	GB/T 38634.1—2020	系统与软件工程 软件测试 第 1 部分:概念和定义	国家标准
8	GB/T 38634.2—2020	系统与软件工程 软件测试 第 2 部分:测试过程	国家标准
9	GB/T 38634.3—2020	系统与软件工程 软件测试 第 3 部分:测试文档	国家标准
10	GB/T 38634.4—2020	系统与软件工程 软件测试 第 4 部分:测试技术	国家标准
11	GB/T 38639—2020	系统与软件工程 软件组合测试方法	国家标准
12	GB 17859—1999	计算机信息系统 安全保护等级划分准则	国家标准
13	GB/Z 30286—2013	信息安全技术 信息系统保护轮廓和信息系统安全目标产生指南	国家标准
14	GB/T 37096—2018	信息安全技术 办公信息系统安全测试规范	国家标准
15	GB/T 34990—2017	信息安全技术 信息系统安全管理平台技术要求和测试评价方法	国家标准
16	GB/T 20945—2013	信息安全技术 信息系统安全审计产品技术要求和测试评价方法	国家标准
17	GB/T 28448—2012	信息安全技术 信息系统安全等级保护测评要求	国家标准
18	GB/T 28449—2012	信息安全技术 信息系统安全等级保护测评过程指南	国家标准
19	GB/T 25058—2010	信息安全技术 信息系统安全等级保护实施指南	国家标准
20	GB/T 36047—2018	电力信息系统安全检查规范	国家标准
21	GB/T 33447—2016	地理信息系统软件测试规范	国家标准
22	GB/T 26318—2010	物流网络信息系统风险与防范	国家标准
23	JR/T 0175—2019	证券期货业软件测试规范	行业标准
24	DL/T 1709.9—2017	智能电网调度控制系统技术规范 第 9 部分:软件测试	行业标准
25	JR/T 0101—2013	银行业软件测试文档规范	行业标准

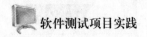
续表

序号	标准编号	标准名称	标准类型
26	GA 793.2—2008	城市监控报警联网系统 合格评定 第 2 部分:管理平台软件测试规范	行业标准
27	DL/T 1142—2009	核电厂反应堆控制系统软件测试	行业标准
28	JT/T 966.1—2015	收费公路联网收费系统软件测试方法 第 1 部分:功能测试	行业标准
29	JT/T 966.2—2015	收费公路联网收费系统软件测试方法 第 2 部分:性能测试	行业标准
30	JT/T 965.1—2015	高速公路监控系统软件测试方法 第 1 部分:功能测试	行业标准
31	JT/T 965.2—2015	高速公路监控系统软件测试方法 第 2 部分:性能测试	行业标准

2.3.3　国际软件测试技术标准规范

软件测试依据的国际技术标准规范截至 2020 年 7 月主要有以下内容,如表 2-15 所示。列表中展示的仅为部分标准,如需其他标准可以到全国标准信息公共服务平台查询。

表 2-15　　　　　　　　　　　国际技术标准

序号	国际技术标准编号	英文名称	中文名称
1	ISO/IEC 25010:2011	Systems and Software Engineering-Systems and Software Quality Requirements and Evaluation (SQuaRE) -System and Software Quality Models	系统和软件工程 系统和软件质量要求和评估(SQuaRE)系统和软件质量模型
2	ISO/IEC 25051:2014	Software Engineering-Systems and Software Quality Requirements and Evaluation (SQuaRE) -Requirements for Quality of Ready to Use Software Product (RUSP) and Instructions for Testing	软件工程 系统和软件质量要求和评估(SQuaRE) 随时可用的软件产品的质量要求和测试细则
3	ISO/IEC/IEEE 29119—1:2013	Software and Systems Engineering-Software Testing-Part 1:Concepts and Definitions	系统与软件工程 软件测试 第 1 部分:概念和定义
4	ISO/IEC/IEEE 29119—2:2013	Software and Systems Engineering-Software Testing-Part 2:Test processes	系统与软件工程 软件测试 第 2 部分:测试过程
5	ISO/IEC/IEEE 29119—3:2013	Software and Systems Engineering-Software Testing-Part 3:Test Documentation	系统与软件工程 软件测试 第 3 部分:测试文件
6	ISO/IEC/IEEE 29119—4:2015	Software and Systems Engineering-Software Testing-Part 4:Test Techniques	系统与软件工程 软件测试 第 4 部分:测试技术
7	ISO/IEC/IEEE 29119—5:2016	Software and Systems Engineering-Software Testing-Part 5:Keyword-Driven Testing	系统与软件工程 软件测试 第 5 部分:关键字驱动测试

续表

序号	国际技术标准编号	英文名称	中文名称
8	ISO/IEC 30130—2016	Software Engineering-Capabilities of Software Testing Tools	软件工程 软件测试工具的能力
9	ISO/IEC 33063—2015	Information Technology-Process Assessment-Process Assessment Model for Software Testing	信息技术 过程评定 软件测试的过程评定模型
10	ISO/IEC 16085—2006	Systems and Software Engineering-Life Cycle Processes-Risk Management	系统和软件工程 生命周期过程 风险管理
11	ISO/IEC/IEEE 24765—2017	Systems and Software Engineering-Vocabulary	系统和软件工程 词汇表

2.3.4　信息化软件涉及的法律法规

软件测试涉及的法律法规截至 2020 年 7 月主要有以下内容,如表 2-16 所示。列表中展示的仅为部分法律法规,如需其他法律法规可以到中国普法网查询。

表 2-16　　　　　　　　　　　　法律法规

序号	实施日期	条例名称	公布机关
1	2013-01-30	计算机软件保护条例	国务院
2	2009-04-10	软件产品管理办法	工业和信息化部
3	2017-06-01	中华人民共和国网络安全法	全国人民代表大会常务委员会
4	2010-03-01	通信网络安全防护管理办法	工业和信息化部
5	2012-11-01	证券期货业信息安全保障管理办法	中国证券监督管理委员会
6	2015-08-01	检验检测机构资质认定管理办法	国家质量监督检验检疫总局
7	2017-01-01	上海市检验检测条例	上海市人民代表大会常务委员会
8	2010-12-20	上海市公共信息系统安全测评管理办法	上海市人民政府
9	2007-01-01	浙江省信息安全等级保护管理办法	浙江省人民政府
10	2016-11-15	黑龙江省计算机信息系统安全管理规定	黑龙江省人民政府

2.4　总结与思考

本章主要内容总结为如下几点:

①软件测试工作整体流程基本可以分为项目启动、测试准备、测试实施、测试评估、项目总结/归档五个阶段。

②软件测试质量控制包含测试质量控制和软件质量要求两部分。

③软件/软件产品质量分为产品质量和使用质量。

④国家标准代码：GB——强制性国家标准代号；GB/T——推荐性国家标准代号；GB/Z——国家标准化技术指导性文件。

⑤测试风险评估和应对措施表的制作。

⑥软件测试行业的国内/国际标准使用和查询。

⑦信息化软件涉及的法律法规。

通过本章的学习,思考以下问题：

①请根据本章内容画出软件测试工作整体流程图。

②软件集成测试的目标和输入材料是哪些？

③什么是第三方软件测试？

④思考一下自己软件测试活动的风险项有哪些,尝试制作测试风险评估和应对措施表。

第3章 测试方案及测试用例编写

本章为软件测试最基本的组成部分,结合"学生信息管理系统"项目,按照企业的模式,分析软件需求、编写测试方案,并按照企业的设计方式让学生参与企业实际的测试用例设计与管理,熟练掌握各种用例编写的方法与技巧,培养学生独立设计项目测试用例的能力。

搭建学生信息
管理系统测试环境

3.1 测试任务

3.1.1 实践目标

①理解软件需求的概念与分类,掌握在实际项目中需求分析的方法;
②理解编写测试方案的作用以及内容组成结构,掌握测试方案的编写方法;
③理解测试用例的概念,利用等价类、边界值、场景分析的方法正确设计测试用例,具备独立设计项目测试用例的能力。

3.1.2 实践环境

硬件环境:客户端电脑、服务器端电脑。
软件环境:Windows 7 操作系统、Office 软件、WampServer 集成开发环境。
被测系统:学生信息管理系统。

3.1.3 任务描述

以"学生信息管理系统"为测试对象,分析软件需求,了解项目基本信息,编写测试方案,并能够熟练掌握各种用例编写的方法与技巧,对"学生信息管理系统"有效设计测试用例。
①安装、配置服务器端环境集成软件"学生信息管理系统"。
②梳理"学生信息管理系统"功能,并对被测软件进行需求分析。
③了解项目基本信息,编写测试方案,对测试工作进一步明确和细化。
④根据需求、测试场景综合运用各类测试设计方法,对"学生信息管理系统"有效设计测试用例。

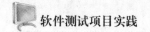

3.2 知 识 准 备

需求分析

3.2.1 需求分析

"需求分析"内容请见二维码。

3.2.2 测试方案

软件测试方案包括被测试项目的背景、目标、范围、方式、资源、测试内容、人员进度安排、测试组织,以及与测试有关的风险等方面。另外,测试方案还是对测试工作进一步的明确和细化,从方向上明确测试什么、怎么测试,以及需要达到的测试质量标准。测试方案需要描述测试的特性、测试的方法、测试环境的规划、测试工具的设计和选择、测试用例的设计方法、测试代码的设计方案。其属于技术层面的文档,从技术的角度对测试活动进行规划,而且使测试人员能够进一步理解需求和设计,从而有助于完善测试用例的设计,保证更高的测试覆盖率。

测试方案的制订对于有效的测试至关重要。如果仔细地制订测试方案,那么测试的执行、分析以及测试结果报告的撰写都会进行得非常顺利。随着测试走向规范化管理,测试方案成为测试管理必须完成的重要任务之一,软件测试方案作为软件项目的子方案,在项目启动初期是必须规划的。在越来越多公司的软件开发中,软件质量日益受到重视,测试过程也从一个相对独立的步骤越来越紧密嵌套在软件整个生命周期中,这样,如何规划整个项目周期的测试工作,如何将测试工作上升到测试管理的高度,都依赖测试方案的制订。测试方案因此成为测试工作赖以开展的基础。

一份好的测试方案应该全面覆盖所需测试项,并且是可测试、可执行的。一份好的测试方案应该经过项目相关测试人员、研发人员、产品经理和质量人员评审通过。同时,一份好的测试方案能够对研发的产品设计提供参考,能够加强项目组成员对需求的理解、对测试工作的认同和理解,以及对测试质量和结果的信任。

3.2.2.1 制订测试方案的目的

制订测试方案的目的如下:

(1)使软件测试工作进行得更顺利

软件测试方案明确地将要进行的软件测试采用的模式、方法、步骤以及可能遇到的问题与风险等内容做了考虑和方案,这样会使测试执行、测试分析和撰写测试报告的准备工作更加有效,使软件测试工作进行得更顺利。

(2)促进项目参加人员彼此沟通

测试过程必须有相应的条件才能进行。如果程序员只是编写代码,而不说明它干什么、如何工作、何时完成,测试人员就很难执行测试任务。同样,如果测试人员之间不对方案测试的对象、测试所需的资源、测试进度安排等内容进行交流,整个测试项目就很难成功。

（3）及早发现和修正软件规格说明书的问题

在编写软件测试方案的初期，首先要了解软件各个部分的规格及要求，这样就需要仔细地阅读、了解规格说明书。在这个过程中，可能会发现其中的问题，例如规格说明书的论述前后矛盾、简述不完整等。对规格说明书中的缺陷越早修正，对软件开发的益处越大，因为规格说明书从一开始就是软件开发工作的依据。

（4）使软件测试工作更易于管理

制订测试方案的目的，就是要对整个软件测试工作采取系统化的方式来进行，这样会使软件测试工作更易于管理。

3.2.2.2　制订测试方案的原则

制订测试方案是软件测试中最有挑战性的一个工作。以下原则将有助于制订测试方案。

（1）保持测试方案简洁和易读

测试方案做出来后应该能够让相关人员明白自己的任务。

（2）尽量争取多渠道评审测试方案

通过不同的人来发现测试方案中的不足及缺陷，可以很好地改进测试方案的质量。

3.2.2.3　制订测试方案

制订测试方案时，由于各软件公司的背景不同，测试方案文档也略有差异。实践表明，制订测试方案时，使用正规文档通常比较好。

供参考的测试方案写作模板如图 3-1 所示。

第1章　引言 1.1 编写目的 1.2 适用范围 1.3 术语和名词解释	第6章　测试流程及交付物 6.1 测试流程图 6.2 测试交付物
第2章　测试概况	
第3章　测试策略 3.1 测试标准 3.2 测试依据 3.3 测试方法 3.4 测试工具 3.5 测试环境	第7章　人员及进度计划 7.1 测试项目人员组成 7.2 测试进度安排
第4章　测试内容	第8章　其他
第5章　测试方案 5.1 功能测试 5.2 性能测试	8.1 风险评估 8.2 测试准出条件 8.3 测试延迟条件

图 3-1　测试方案写作模板

测试方案各章节编写说明如下：

第 1 章 引言

1.1 编写目的

本节简述本测试方案的具体编写目的，并介绍本文档是从哪些方面来计划和设计的，如测试策略、测试管理、人员及进度计划等。

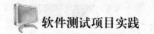
1.2 适用范围

本节说明该测试方案的适用范围,包括项目的来源、申请单位、项目名称等。

1.3 术语和名词解释

本节主要介绍测试相关术语和名词解释。

第 2 章 测试概况

本章概括介绍本测试项目的行业背景、项目规划、建设目标等,一般来源是招标或需求文档中的项目背景或建设目标。

第 3 章 测试策略

3.1 测试标准

本节主要描述本次测试项目中执行的测试标准。

3.2 测试依据

本节主要描述本次测试项目的测试依据(文档名称)。

3.3 测试方法

本节主要描述本次测试项目中涉及的测试方法,如黑盒测试、文档检查等。

3.4 测试工具

本节主要描述本次测试项目中涉及的测试工具,如性能工具、自动化工具等。

3.5 测试环境

本节主要描述本次测试项目的测试环境,包括测试地点、系统环境等。

第 4 章 测试内容

本章主要说明测试软件的所有测试项,来源可以包括需求说明书、合同、设计方案。内容包括功能性、性能效率、兼容性、易用性、可靠性、维护性、可移植性、用户文档集等。

第 5 章 测试方案

本章是测试方案的核心所在,需要认真完成。本章的所有测试项都需要能与第 4 章的测试项做好对应,并且每个测试项都应提供相适应的测试技术或方法,以指导相关测试设计人员或执行人员进行软件测试。

在设计测试用例时,必须使用本章中提到的测试技术或方法。

5.1 功能测试

功能测试如表 3-1 所示。

表 3-1   功能测试

序号	子系统	功能测试内容	需求编号
1	××功能	此功能项的测试内容	……
2	……	……	……
3	××功能	……	……

5.2 性能测试

性能测试如表 3-2 所示。

表 3-2 **性能测试**

序号	性能测试内容
1	此性能项的测试内容
2	……

第 6 章 测试流程及交付物

本章需要描述测试过程的流程图,以及测试工作各阶段需要交付的文档。

第 7 章 人员及进度计划

本章主要描述测试项目的人员组成,以及测试工作的进度安排,可适当地减少或添加角色项,并且测试角色的描述等可以根据项目实际情况进行更改,如表 3-3 所示。

表 3-3 **人员岗位组成**

序号	岗位	人数	具体职责
1	测试项目负责人	1	总体技术把关
2	测试经理	1	审核文档
3	测试工程师	……	……

测试工作的进度安排包括的测试任务与周期安排,如表 3-4 所示。

表 3-4 **测试安排**

序号	阶段名称	天数(工作日)	时间安排	描述	参与人员
1	项目启动	1	×月×日	启动会议	项目经理 测试项目负责人
2	准备阶段	5	×月×日— ×月×日	编写测试方案 编写测试计划	项目经理 测试项目负责人
3	……	……	……	……	……

第 8 章 其他

本章包括项目的风险评估、测试准出条件、测试延迟条件。

3.2.3 测试用例

测试用例就是一个文档,描述输入、动作或者时间和一个期望的结果,其目的是确定应用程序的某个特性是否正常工作。黑盒测试是软件测试活动中常用的测试方法,在本章中,主要介绍几种具体的黑盒测试方法,包括等价类划分法、边界值分析法、场景法。

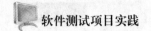

这些方法都是黑盒测试最基本、最常用的方法,熟练掌握上述方法有助于在实际测试工作中对其进行合理选择和应用,取得良好的测试效果。

3.2.3.1 测试用例基础知识

测试用例的设计是软件测试工作的核心,是决定软件测试成功的前提和必要条件。测试用例反映对被测对象的质量要求,不同类别的软件其测试用例是不同的。在实际测试用例设计过程中,不仅要根据需求、场合单独使用各类测试设计方法,还要学会综合运用多个方法使测试用例的设计更为有效。

在学习和编写测试用例之前,我们先来了解一下测试用例的定义、编写测试用例的原因、一份完整的测试用例所包含的内容、编写测试用例的依据等。

(1)测试用例的定义

目前没有经典的测试用例定义,比较普遍的说法是:"对一项特定的软件产品进行测试任务的描述,体现测试方案、方法、技术和策略;内容包括测试目标、测试环境、输入数据、测试步骤、预期结果等,并形成文档。"也可以理解为测试用例即为某个特殊目标而编制的一组测试输入、执行条件以及预期结果,以便测试某个程序路径或核实是否满足某个特定需求。

(2)编写测试用例的原因

影响软件测试的因素有很多,例如软件本身的复杂程度、项目组人员(包括分析、设计和测试的人员)的素质、测试方法、技术的运用等。有些因素是客观存在、无法避免的;有些因素则是波动的、不稳定的。例如项目团队成员的流动,有经验的测试人员走了,新人不断补充进来;每个项目组成员的工作也会受情绪影响,等等。有了测试用例,无论是谁来测试,参照测试用例实施,都能保障测试的质量,从而减小受人为因素的影响。即便最初的测试用例考虑不周全,随着测试的进行和软件版本的更新,也将日趋完善。因此,测试用例的设计和编制是软件测试活动的核心部件。测试用例是测试工作的指导,是执行环节的基本依据,是软件测试必须遵守的准则,更是软件测试质量的根本保障。同时,测试用例的编写方式不是唯一的,应根据不同的应用场合(单元、集成、功能、性能等测试)编写不同格式的测试用例。

(3)测试用例的内容

完整的测试用例通常包括以下内容:

①用例编号:编写的每条测试用例的唯一序号。

②测试功能(系统路径):需要测试的功能项及路径。

③测试说明:用于描述功能项需要测试的内容。

④用例描述:用于描述用例的类型,如是正向用例还是反向用例。

⑤操作步骤:实施测试用例时的执行步骤。

⑥测试数据:用于记录实施用例时所需要的测试数据、信息等。

⑦预期结果:说明测试用例执行中由被测软件期望的测试结果,即经过验证认为正确的结果。

⑧实际结果:记录实际的测试结果。

⑨执行人:执行本条测试用例的执行人员。

⑩测试时间:执行本条测试用例的时间。

⑪测试状态:说明执行本条测试用例的结果,结果可以是通过或者不通过。

(4)编写测试用例的依据

编写测试用例的主要依据可以归纳如下:

①单元测试用例编写依据:详细设计说明书、软件需求规格说明书、软件测试计划。

②集成测试用例编写依据:概要设计说明书、软件需求规格说明书、软件测试计划。

③功能测试用例编写依据:软件需求规格说明书、软件测试方案。

④系统测试用例编写依据:用户需求(系统/子系统设计说明、软件开发计划等)、软件测试方案等。

(5)测试用例的关注要点

以下是设计测试用例时关注的要点:

①功能测试用例的要点。

功能测试的用例需要注意以下几点:

a. 首先考虑用等价类划分、边界值共用的方法设计用例,用错误推测法补充用例。

b. 如果程序业务流程很清晰,应考虑主要采用场景法设计用例。

c. 如果程序有详细的因果关系,应从一开始就考虑用因果图法。

d. 如果是文件配置类型的测试,应该考虑用功能图法。

②性能测试用例的要点。

性能测试的用例需要注意以下几点:

a. 预期指标性能测试用例依据需求和设计文档中明确的性能要求进行设计。

b. 业务性能测试用例依据单个模块功能要求和性能要求进行设计。

c. 组合业务性能测试用例依据需求、设计文档、现场调查、系统采集数据进行设计。

d. 疲劳强度性能测试需要编写不同参数或者负载条件下的多个测试用例。

e. 大数据量性能测试要考虑数据处理能力,用边界值分析法设计用例。

f. 网络性能测试主要针对基于应用系统的测试设计时的重点,使用工具调整网络设置。

g. 服务器测试一定要与前面的测试结合起来进行,这类测试用例一般不必单独编写。

③回归测试用例的要点。

回归测试用例是软件系统修改后,在保证没有新的错误引入的前提下重新进行测试。它的测试用例不需要重新进行设计,可选择以前的测试用例。

选择测试用例时可以按照优先级别不同而选择不同的测试用例,如测试用例库的用例是基于软件操作开发的,可以优先选择基于操作的测试用例,或者针对最重要或最频繁使用的功能的测试用例。

3.2.3.2 测试用例的作用

测试用例贯穿整个软件测试,是软件测试的核心,其重要性不言而喻。软件测试公司对测试用例是非常关注的,因为它投入小、易积累、回报大,在最短的时间内以最少的人力、资源投入发现软件自身的缺陷以完成高效率的测试,交付优质的产品,是软件公司探索和追求的目标。因此每一个项目都要有一套完整、高效、优质的测试方案和测试方法，其方案和方法可以从类似的项目中参考或裁剪。

一个项目从入手到交付的过程中是有一定风险的，因此影响软件测试的风险因素也有很多，如软件本身的复杂程度，参与人员（包括分析、设计、编程、测试等人员）的素质，测试方案、测试方法和测试技术的运用等。在存在这么多风险的前提下，如何保证软件测试高效率、高质量地运作，是每个公司都要考虑的问题。如果有了测试用例或测试用例库，则可以预防部分风险或减少潜在风险的发生。比如，如果公司事先要求编写测试用例和建立相关的测试用例库，当测试人员发生流动时，对测试和项目进度的影响就会降到最低程度。测试用例究竟有哪些作用？下面将简要叙述之。

（1）指导测试实施

在单元测试、功能测试、性能测试中，测试用例都是必不可少的。实施这些测试的时候，测试人员要制订操作步骤、操作方法。操作进行时不允许测试人员随意指定用例，一定要严格按照测试用例规定的用例项目和测试步骤逐一测试，并把测试中的各种情况记录下来（最好用测试管理软件），以便于书写测试结果文档（建议用测试管理软件自动生成）。

需要注意的是，测试用例用于指导测试人员进行测试，并通过用例发现更多的缺陷，而不是限制测试人员的思维。

（2）指导测试数据规划

测试用例数据一般都保存在数据库中，只有进行测试用例设计时才从数据库中调出一组或若干组测试用例的数据和标准测试结果。例如报表等一些对数据的正确性要求较高的测试，需要事先对测试的数据进行规划（如报表的横向有多少内容、纵向有多少内容，报表输出的格式要求等）。进行规划设计要做到事先有准备，测试操作时有案可查。

准备这些数据的依据和前提条件就是测试用例，用例可从数据库中抽取。除了这些标准数据，有时候还需要根据测试用例设计大量边界值。

（3）指导脚本编写

软件测试行业正在由原来的人工测试逐步向人工测试和自动化测试并行的方向发展。而自动化测试的核心就是测试脚本。

自动化测试所使用的测试脚本的编写依据就是测试用例。

（4）作为分析缺陷的基准

测试就是为了发现缺陷，测试结束后对得到的缺陷进行复查，然后与测试用例进行对比，看看这个缺陷是一直没有检测到的还是在其他地方重复出现过的。如果是一直没有检测到的，说明测试用例不够完善，应该及时补充相应的用例；如果是重复出现过的，则说明实施测试还存在一些问题需要处理。最终还是为了交付给用户一个高质量的软件产品。

3.2.3.3　测试用例的设计

测试用例是整个测试工作的重点，测试的一般流程包括制订测试计划、编写测试用例、执行测试、跟踪测试缺陷、编写测试报告等。测试计划、方案制订后就需要进行测试用例的设计，之后所有的工作都是在测试用例的基础上展开的。

测试用例的设计应注意以下几个问题：

①测试用例应该从系统的最高级别向最低级别逐一展开。

②每个测试用例都应单独放在文档中。

③系统中的每个功能都应该对应到测试用例中。

④每个测试用例都应该依据需求进行设计。

⑤测试用例的设计人员最好是具有丰富经验的测试人员。

测试用例是多样的、复杂的，设计的技术也不是唯一的，下面介绍测试用例设计的一些技术。

（1）白盒测试用例的设计

白盒测试用例的设计技术如下：

①逻辑覆盖法。

②基本路径测试法。

采用白盒测试技术设计测试用例的主要目的如下：

①每个模块中的所有独立路径至少被执行一次。

②所有的逻辑值必须测试真、假两个分支。

③在边界值和可操作范围内至少循环一次。

④检查数据的内部结构，保证其有效地实现预定功能。

（2）黑盒测试用例的设计

黑盒测试用例的设计技术如下：

①等价类划分法。

②边界值分析法。

③错误推测法。

④因果图法。

⑤场景法。

采用黑盒测试技术设计测试用例的主要目的如下：

①检查功能是否实现或遗漏。

②检查人机交互界面是否出错。

③检查数据库读取、更新操作是否出错。

④检查性能和特性是否得到满足。

注：本章3.2节、3.6节将详细介绍常见黑盒测试用例设计方法（等价类划分法、边界值分析法、场景法）。

（3）综合设计方法

白盒和黑盒测试用例的设计方法各有各的特点，并且每一种测试用例设计方法都只给出用例设计的特殊集合。在实际测试用例设计中，常常需要使用多种测试用例设计方法。

这里我们主要介绍如何综合使用这些方法来设计测试用例。实际操作设计测试用例一般是"先黑后白"，即先用黑盒技术设计一些测试用例，再用白盒技术做一些补充用例。

下面是综合设计方法的建议性设计步骤：

①如果规格说明书中包含输入条件，则用因果图法设计测试用例。

②如果源代码中遇到输入、输出边界，则用边界值分析法设计测试用例。通过边界值分析产生一组附加的测试条件，但是大多数或全部这些条件都可以组合到因果测试中。

③为输入和输出识别有效和无效等价类。

④使用错误推测法来增加测试用例。

⑤使用逻辑覆盖法来检查程序的逻辑，如判定覆盖、条件覆盖、条件判定组合覆盖和多条件覆盖准则（最完整）。如果不能满足此方法，就设计足够丰富的测试用例来满足此方法。

（4）测试用例设计的原则和注意事项

设计测试用例时需要注意以下几点原则：

①利用成熟的测试用例设计方法来指导设计。

②测试用例的正确性。

③测试用例的代表性。

④测试结果的可判定性。

⑤测试结果的可重现性。

⑥足够详细、准确和清晰的步骤。

⑦利用测试用例文档编写测试用例时必须符合内部的规范要求。

设计测试用例时需要注意以下问题：

①不能把测试用例设计等同于测试输入数据的设计。

②不能追求测试用例设计的一步到位。

③不能将多个测试用例混在一个用例中。

④不能由没有经验的人员设计测试用例。

3.2.3.4　测试用例设计模板

测试用例设计模板如表 3-5 所示。

表 3-5　　　　　　　　　　　　　　　测试用例模板

用例编号	系统路径	测试说明	用例描述	测试步骤	测试数据	预期结果	执行人	测试时间	测试状态
YL01									
YL02									
YL03									

3.2.3.5　测试用例的评审维护和管理

在软件测试生命周期中，测试用例设计完成之后需要对测试用例进行评审，由测试小组人员进行内部评审，查找遗漏的测试点，目的是审查测试策略和用例编制思路是否正确，以此来保证测试用例的有效性。测试小组内部评审完成之后，与项目组成员一起评审测试用例并记录评审报告。参与评审的人员包括测试经理、测试人员、研发经理、产品经理、研发人员、质量检验人员等。

测试用例评审内容如下：

①测试用例中用户需求和测试功能点是否与测试计划和测试方案对应；

②测试用例标识是否按照测试方案来编写；

③测试环境描述是否清晰；

④设计测试用例是否运用了三种或三种以上的设计方法；

⑤是否每个测试用例的预置条件都描述清楚了；

⑥每个测试用例的"输入"是否列出了所有测试的输入数据；

⑦步骤、输入内容和输出内容是否清晰；

⑧测试用例的"预期结果"是否完整且清晰；

⑨是否明确说明了每个测试用例或测试用例集的重要级别；

⑩是否明确说明了测试用例的执行顺序；

⑪在测试用例分析中，测试深度是否描述了使用的测试技术和方法。

评审之后，随着软件需求的变更、功能的改进等对测试用例进行添加、修改、删除。评审之后的测试用例和后期修改的测试用例要随时归档，进行测试文档的管理。为了方便测试用例的评审维护和管理，以及多个版本的测试用例共存，测试用例需要专人定期维护并遵循以下原则。

（1）及时删除过时、冗余的测试用例

需求变更可能导致原有部分测试用例不再适合新的需求。例如删除了某个功能，那么针对该功能的测试用例也不再需要。同时可能存在两个或者多个测试用例相同的状况，这会降低回归测试效率，所以要定期整理测试用例集，及时删除冗余的测试用例。

（2）增加新的测试用例

由于需求变更、用例遗漏或者版本发布后发现缺陷等，原有的测试用例集没有完全覆盖软件需求，需要增加新的测试用例。

（3）改进测试用例

随着开发工作的进行，测试用例不断增加，可能会出现一些对输入或者运行状态比较敏感的测试用例。这些用例难以重用，影响回归测试的效率，需要对其进行改进，使之可重用、可控制。

总之，测试用例的维护是一个长期的过程，也是一个不断改进和完善的过程。

软件产品的版本是随着软件的升级而不断变化的，而每一次版本的变化都会对测试用例集产生影响，所以测试用例集也需要不断地变更和维护，使之与产品的变化保持一致。

测试用例变更的原因如下：

①软件需求变更。软件需求变更可能导致软件功能的增加、删除、修改等，应遵循需求变更控制管理方法，同样，变更的测试用例也需要执行变更管理流程。

②测试需求的遗漏和误解。测试需求分析不到位，可能导致测试需求遗漏或者误解，相应的测试用例也要进行变更。特别是软件隐性需求，在测试需求分析阶段容易遗

漏,当在测试执行过程中发现这些问题时,需要补充测试用例。

③测试用例遗漏。在测试过程中发现设计测试用例时考虑不周,需要完善。

④在软件交付使用后反馈的软件缺陷,而缺陷又是由测试用例存在漏洞造成的。

3.2.3.6 黑盒测试用例设计方法

(1)等价类划分法

①等价类划分思想。

通过数据驱动的方式运行软件系统,然后根据系统输出结果判断程序各项功能是否能够正常运行是黑盒测试的主要方法之一,理论上如果要找出程序中的所有错误,就需要将可能输入的数据完全测试一遍。这种穷举式的数据输入测试方法显然是不现实的,我们来看一个例子。

假如一个程序只是简单完成两个整型数据的加法运算,每次需要向其输入两个整型数据。如果整型数据的长度是4个字节(即32位),那么每个整型数据可能的取值为 2^{32} 个,考虑两个整型数据的排列组合情况,可能的输入数据情况共有 $2^{32} \times 2^{32} = 2^{64}$ 种。如果测试一种输入数据情况需要1ms,那么穷举测试需要5.85亿年。

我们自然会想到,实际上选取少量具有代表性的输入数据就可以代替海量的输入数据,只要这种代表性具有"等价"的特征。因此,问题的重点变为,如何将输入数据集合划分为多个适当的数据子集合(即等价类),使得每个等价类中选取的数据可以代表该类中的其他数据,这就是"等价类划分"方法的基本思想。

通过等价类划分法,我们可以将不能穷举的输入数据合理划分为有限个数的等价,然后在每个等价类中选取少量数据来代替对于这一类中其他数据的测试,这种划分的基础如下:

a.在分析需求规格说明的基础上划分等价类,不需要考虑程序的内部结构。

b.将所有可能的输入数据划分为若干互不相交的子集,也就是说,所有等价类的并集是整个输入域,各等价类数据之间互不相交。

c.每个等价类中的各个输入数据对于揭示程序错误都是等效的,如果用等价类中的一个数据进行测试不能发现程序错误,那么用该等价类中的其他数据进行测试也不可能发现程序错误。

从上述内容可以看出,等价类划分法是黑盒测试中最基本、最常用的测试用例设计方法,通过该方法可以将海量的随机输入数据测试变为少量的、更有针对性的测试。例如,对于上面所说的将两个整型数据相加的程序,可以将每个整型数据划分为正整数、零和负整数3种情况,该程序的输入域是两个整型数据的组合,因此可以将其输入域划分为如表3-6所示的9个等价类,用9个测试用例代表众多输入数据组合情况。

表3-6 整数加法程序的等价类划分

等价类编号	加数1	加数2	测试用例
1	正整数	正整数	3+5
2	正整数	零	9+0
3	正整数	负整数	2+(−1)

等价类编号	加数 1	加数 2	测试用例
4	零	正整数	0＋4
5	零	零	0＋0
6	零	负整数	0＋（−5）
7	负整数	正整数	（−3）＋6
8	负整数	零	（−7）＋0
9	负整数	负整数	（−1）＋（−10）

但是，仅仅划分出上述等价类是远远不够的，因为用户很可能会输入一些超出程序规格说明的"非法"数据。例如，对于上述整数加法程序，用户可能会输入小数、字母、特殊字符、空格等。因此，在划分等价类时，不仅要考虑有效等价类划分，还必须考虑无效等价类划分。

a."有效等价类"是指对于程序的规格说明来说是合理的、有意义的输入数据构成的集合。利用有效等价类可以检验程序是否实现了规格说明中所规定的功能和性能要求。

b."无效等价类"与有效等价类相反，是指对程序的规格说明来说是无意义的、不合理的输入数据构成的集合。利用无效等价类可以检验程序是否具有容错性和较高的可靠性。

②等价类划分的规则。

如何根据具体情况划分等价类，是正确运用等价类划分法的关键，下面给出几种常用的等价类划分规则。

a.按输入区间划分。

在规格说明规定了输入数据的取值范围或取值数量的情况下，可以确定一个有效等价类和两个无效等价类。第一种情况，在规定了取值范围的情况下，例如统计学生成绩的程序规定学生成绩范围是0≤成绩≤100，其等价类划分如图3-2所示。第二种情况，在规定了取值数量的情况下，例如规定一名学生最多选修5门课最少选修1门课的情况，则一个有效等价类为1＜学生选修课程数量≤5，两个无效等价类为没有选修课程和选修课程数量大于5。

```
----------------------------------**************************-----------------------------------
无效等价类（低于范围）          有效等价类（范围内）          无效等价类（高于范围）
```

图 3-2　按输入区间划分等价类

b.按数值集合划分。

如果规格说明规定了一个输入值集合，则可以确定一个有效等价类和一个无效等价类，无效等价类是所规定输入值集合之外的所有不允许输入值的集合。例如，程序只接收正整型数据，那么可以确定一个正整型数据的有效等价类和一个非正整型数据的无效等价类，这种划分方法与按输入区间划分方法的不同之处在于，输入值集合并没有明确、具体的上下边界值。

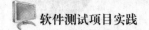

c.按离散数值划分。

如果规格说明规定了一值,假定有 n 个,并且程序要对每个输入值分别进行处理,则可以确定 n 个有效等价类和 1 个无效等价类,这种输入规定往往对应于枚举型离散数值输入情况,例如程序只接收(北京、上海、天津、重庆)4 个数值,针对这 4 种情况进行相应的计算,此时的无效等价类就是非直辖市的城市集合。

d.按限制条件或规则划分。

如果规格说明规定了"必须如何"的规则或限制条件,则可以确定一个有效等价类和若干无效等价类。一个有效等价类是符号规则的所有输入数据,若干无效等价类是从违反规则的不同情况出发确定的相应等价类。例如,规定邮政编码必须由 6 位数字构成,那么可以确定一个有效等价类以及含有字母、特殊字符、空格等情况的多个无效等价类。

e.按布尔量取值划分。

如果规格说明规定了输入是一个布尔量,则可以确定一个有效等价类和一个无效等价类,这是一种特殊的情况,有效等价类只包含一个真值,无效等价类只包含一个假值。

f.细分等价类。

当发现已划分的等价类中的各个元素在程序中的处理方式不同时,需要将该等价类进一步划分为更小的等价类。

③等价类测试用例的设计实例。

a.有一个用于判断三角形类型的程序,要求输入 3 个整数 A、B、C,分别作为一个三角形的 3 条边,然后由程序判断该三角形是一般三角形,或等腰三角形,或等边三角形,还是不能构成三角形,程序最后输出上述 4 种判断结果之一,要求使用等价类划分法为该程序设计测试用例。

三角形问题是经典的等价类划分测试案例,三角形问题包含易于理解而又复杂的输入与输出之间的关系,这是其经久不衰的主要原因之一,根据几何常识可知,A、B、C 作为一个三角形的 3 条边必须满足如下条件:

(a)$A>0,B>0,C>0$;

(b)$A+B>C,B+C>A,A+C>B$;

(c)如果是等腰三角形,需要判断 $A=B$,或 $B=C$,或 $A=C$;

(d)如果是等边三角形,需要判断 $A=B$,且 $B=C$,且 $A=C$。

根据上述条件,可以按照表 3-7 所示建立等价类表,列举出所有的有效等价类和无效等价类,并且给每一个等价类规定唯一的编号,三角形问题的等价类测试用例见表 3-8。

表 3-7　　　　　　　　　　　　　　三角形问题的等价类表

输入条件	有效等价类	无效等价类
是否为一般三角形	$A>0(1)$ $B>0(2)$ $C>0(3)$ $A+B>C(4)$ $B+C>A(5)$ $A+C>B(6)$	$A\leqslant0(7)$ $B\leqslant0(8)$ $C\leqslant0(9)$ $A+B\leqslant C(10)$ $B+C\leqslant A(11)$ $A+C\leqslant B(12)$

续表

输入条件	有效等价类	无效等价类
是否为等腰三角形	$A=B$(13) $B=C$(14) $A=C$(15)	$A\neq B$,且 $B\neq C$,且 $A\neq C$(16)
是否为等边三角形	$A=B$,且 $B=C$,且 $A=C$(17)	$A\neq B$(18) $B\neq C$(19) $A\neq C$(20)

表 3-8   **三角形问题的等价类测试用例**

用例编号	A,B,C	覆盖等价类编号	输出
1	4,5,7	1~6	一般三角形
2	6,6,9	1~6,13	等腰三角形
3	7,4,4	1~6,14	
4	5,6,5	1~6,15	
5	7,7,7	1~6,17	等边三角形
6	0,4,5	7	
7	5,−3,7	8	
8	3,4,0	9	
9	3,5,8	10	不能构成三角形
10	8,2,4	11	
11	5,9,2	12	
12	6,7,8	1~6,16	非等腰三角形
13	5,6,6	1~6,14,18	
14	5,6,5	1~6,15,19	非等边三角形
15	6,6,8	1~6,13,20	

b. 我国的固定电话号码一般由"地区码＋电话号码"组成,主要的编码规则如下:

(a)地区码是以 0 开头的 3 位或 4 位数字,区内通话时可以为空白。

(b)电话号码是以非 0 和非 1 开头的 7 位或 8 位数字。

一个应用程序接收符合上述规则的电话号码,需要设计等价类测试用例以对其进行测试。

该问题的等价类划分如表 3-9 所示,相应的测试用例如表 3-10 所示。需要说明的是,实际的固定电话号码编码规则更为复杂,这里做了必要简化。

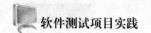

表 3-9   电话号码问题的等价类表

输入条件	有效等价类		无效等价类	
地区码	空白	(1)	以非 0 开头的 3 位数字	(4)
	以 0 开头的 3 位地区码	(2)	以非 0 开头的 4 位数字	(5)
	以 0 开头的 4 位地区码	(3)	以 0 开头且小于 3 位的数字	(6)
			以 0 开头且大于 4 位的数字	(7)
			以 0 开头且含有非数字字符	(8)
电话号码	以非 0 和非 1 开头的 7 位号码	(9)	以 0 开头的 7 位或 8 位数字	(11)
	以非 0 和非 1 开头的 8 位号码	(10)	以 1 开头的 7 位或 8 位数字	(12)
			以非 0 和非 1 开头且小于 7 位的数字	(13)
			以非 0 和非 1 开头且大于 8 位的数字	(14)
			以非 0 和非 1 开头且含有非数字字符	(15)

表 3-10   电话号码问题的等价类测试用例

用例编号	输入数据		覆盖等价类编号	输出
	地区码	电话号码		
1	空白	85321372	1,10	有效
2	25	73211216	2,10	有效
3	0571	44329935	3,10	有效
4	0745	76866568	3,9	有效
5	973	65569411	4	无效
6	3612	43543333	5	无效
7	1	45443334	6	无效
8	5274	4565371	7	无效
9	02hc	54338924	8	无效
10	10	04543425	11	无效
11	1516	14353339	12	无效
12	21	5345343	13	无效
13	351	69766453	14	无效
14	29	8721cd67	15	无效

为了确定和导出输入数据的等价类,经常需要分析输出数据的等价类。总的来讲,等价类划分需要经过两个思维过程。

a. 分类。对输入域根据相同特性或类似功能进行分类。

b. 抽象。在各个等价类中抽象出相同特性,然后用数据实例表征这个特性。

等价类划分法有自身的优缺点。优点是用相对较少的测试用例就能进行比较完整的输入数据覆盖,解决了不能穷举测试的问题,缺点是需要花费很多时间去定义规格说明中一般不会给出的无效测试用例预期输出。另外,等价类划分法缺乏对特殊测试用例的考虑,并且经常需要深入的系统知识才能划分出合适的等价类。

(2)边界值分析法

经验表明,程序在处理边界情况时最容易发生错误,因此边界值是测试的重点。边界值分析法具有很强的错误发现能力,能够取得很好的测试效果。

①边界值选取原则。

相比于等价类划分法而言,边界值分析法不是从等价类中选取典型值或任意值作为测试用例,而是使等价类的每个边界都要作为测试条件,在边界处选取正好等于、刚刚大于或刚刚小于边界的值作为测试数据。此外,边界值分析法不仅需要考虑输入条件边界,还要考虑输出域边界的情况。

程序中常见的边界情况有以下几种:

a.循环结构中第 0 次、第一次和最后一次循环。

b.数组的第一个和最后一个下标元素。

c.变量类型所允许的最大值和最小值。

d.链表的头尾节点。

e.用户名、密码等可接收字符个数的最大值和最小值。

f.报表的第一行、第一列、最后一行和最后一列。

当应用边界值分析法进行黑盒测试时,经常遇到的边界检验情况包括数字、字符、位置、速度、尺寸、重量、空间等,它们的边界值相应为最大和最小、首位和末尾、上和下、最快和最慢、最短和最长、最轻和最重、空和满等情况,需要根据特定问题耐心、细致地逐个考虑。

根据边界值分析法选择测试用例有如下原则。

a.如果输入条件规定了取值的范围,那么测试用例的输入数据应选取所规定范围的边界值以及刚刚超过范围边界的值。

b.如果输入条件规定了值的个数,那么测试用例选择最大个数、最小个数、比最大个数多 1 和比最小个数少 1 的数据等作为测试数据。

c.根据规格说明的每一个输出条件,分别使用以上两个原则。

d.如果输入域和输出域是顺序表或顺序文件等有序集合,那么选取集合的第一个和最后一个元素作为测试用例。

e.对于程序的内部数据结构,选择其边界值作为测试用例。

f.分析规格说明并找出其他可能的边界条件。

②两类边界值选取方法。

围绕着边界值,测试用例的数据选取一般有如下两种方法。

a.五点法:选取最大值 max、略低于最大值 max-、正常值 normal、略高于最小值 min+、最小值 min。这种选取方法也称为一般边界值分析。

b.七点法:选取略大于最大值 max+、最大值 max、略低于最大值 max-、正常值 normal、略高于最小值 min+、最小值 min、略低于最小值 min-。这种选取方法也称为健壮性边界值分析,是对五点法的扩展。

接下来,我们分别对这两种方法进行说明。

a.一般边界值分析。

假设被测程序具有两个输入变量 X_1 和 X_2,规定 $a \leqslant X_1 \leqslant b, c \leqslant X_2 \leqslant d$。在采用一般边界值分析方法时,测试用例的数据选取按照如图 3-3 所示进行,共产生如表 3-11 所示的 9 个测试用例。

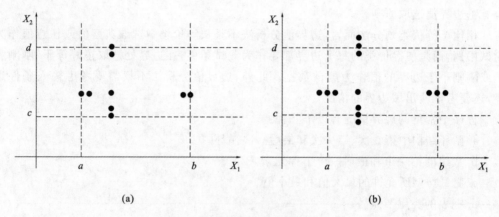

图 3-3 两类边界值数据选取方法

(a)一般边界值分析;(b)健壮性边界值分析

表 3-11　　　　　　　　　　　　　边界值分析测试用例

编号	1	2	3	4	5	6	7	8	9
X_1	a	a+	normal	b−	b	normal	normal	normal	normal
X_2	normal	normal	normal	normal	normal	c	c+	d−	d

对于含有 N 个变量的程序,先对其中的一个变量依次取值 max、max−、normal、min+、min,对其他变量取正常值 normal,然后,重复进行其他变量取值。除了上、下边界处的 4 个取值外,每个变量可以共用一个各变量取值均为正常值 normal 测试用例。那么,一般边界值分析测试用例的数量为 $4N+1$。

b.健壮性边界值分析。

相比于一般边界值分析,健壮性边界值分析需要为每个变量额外考虑略大于最大值 max+和略低于最小值 min−两种情况。因此对于两个变量的情况,其边界值按照如图 3-3(b)所示进行,共产生 13 个测试用例,具体测试用例不再列出。含有 N 个变量的程序健壮性边界值分析测试用例的数量为 $6N+1$。

健壮性测试的意义在于测试例外情况下程序如何处理。例如,输入缓冲区溢出如何处理,电梯的负荷超过最大值时是否能够报警并拒绝启动运行等。对强类型语言(如 C 语言)进行健壮性测试比较困难,超过变量取值范围的值都会产生异常。

③边界值分析法示例。

一个函数包含 3 个输入变量,分别为 Year、Month 和 Day。其输出是输入日期后一天,例如,输入是 2018 年 3 月 11 日,则该函数的输出为 2018 年 3 月 12 日。要求 3 个输入变量均为正整数值,并且 $1900 \leqslant Year \leqslant 2050$,$1 \leqslant Month \leqslant 12$,$1 \leqslant Day \leqslant 31$。

采用一般边界值分析法设计测试用例,因为问题中共有 3 个变量,所以测试用例的数量为 $4N+1=4 \times 3+1=13$。测试用例如表 3-12 所示。

表 3-12　　　　　　　　　　　　测试用例

用例编号	Year	Month	Day	预期输出
1	1900	8	6	1900 年 8 月 7 日
2	1901	8	6	1901 年 8 月 7 日
3	2018	8	6	2018 年 8 月 7 日
4	2049	8	6	2049 年 8 月 7 日
5	2050	8	6	2050 年 8 月 7 日
6	2018	1	6	2018 年 1 月 7 日
7	2018	2	6	2018 年 2 月 7 日
8	2018	11	6	2018 年 11 月 7 日
9	2018	12	6	2018 年 12 月 7 日
10	2019	8	1	2019 年 8 月 2 日
11	2020	8	2	2020 年 8 月 3 日
12	2021	8	30	2021 年 8 月 31 日
13	2022	8	31	2022 年 9 月 1 日

④边界值分析法的特点。

边界值和等价类的联系非常紧密。划分等价类时,经常要先确定边界值。很多情况下,一些输入数据边界就是在我们划分等价类的过程中产生的。因为边界的地方最易出错,在从等价类中选取测试数据的时候,也经常选取边界值。

事实上,边界值分析法经常被看作等价类划分法的补充,测试活动中经常将两者混合使用,可以起到更好的测试效果。

同时,需要说明的是,边界值分析法有明显的局限性。边界值分析法适合分析具有多个独立变量的函数,并且这些变量具有明确的边界范围。如果变量值之间互相影响,则不能称为独立变量。例如上面的示例中,只采用单一的边界值分析法,测试用例是很不充分的,对于闰年、闰月、大月和小月的函数处理情况就没有测试到。

由于边界值分析法假设变量是完全独立的,不考虑它们之间的依赖关系,因此只是针对各变量的边界范围导出变量的极限值,没用分析函数的具体性质,也没有考虑变量的含义。

另外,采用边界值分析法测试布尔型变量和逻辑变量的意义不大,因为取值仅有 True 和 False 两种情况。

（3）场景法

场景法是软件测试中常用的一种方法，主要用于测试软件的业务过程或业务逻辑，是一种基于软件业务和用户行为的测试方法。提出这种测试思想的是 Rational 公司，并在 RUP2000 中文版中进行了详尽的解释。

①场景法概述。

前面讨论的测试方法主要侧重于数据的选择，不涉及操作步骤，无法对涉及用户操作的动态执行过程进行测试覆盖。当在系统功能层面上进行测试时，不仅涉及测试数据的问题，更重要的是如何从系统整个业务流程的全局角度对系统进行测试。场景法运用场景对系统的功能点或业务流程进行描述，然后设计测试用例，从而提高了对系统主要功能和业务流程的测试效果。

现在的软件几乎都是用事件触发来控制流程的。用户经常会以不同的步骤操作软件，因而引发不同的事件触发顺序和软件处理结果，事件触发时的情景便形成了场景。场景也可以通俗地理解为是由"哪些人、什么时间、什么地点、做什么以及如何做"等要素组成的一系列相关活动，主要表明了用户执行系统的操作序列，过场可以描述在不同情况下，所有系统功能点和业务流程的执行情况。

场景的概念与描述软件功能的用例模型紧密相关。用例模型描述了软件系统的外部行为者（通常是一些典型用户）所理解的系统功能，用例经常被用来捕获系统需求。每个用例提供了一个或多个场景，场景是用例的实例，是特定用户以特定方式执行用例的过程，揭示了系统是如何同最终用户或其他系统交互的，反映了系统的业务流程，明确了系统业务功能的主要目标。通过场景，可以生动地描绘出用户使用软件的过程以及主要的业务流程，方便测试用例的设计，同时也使测试用例易于理解和执行，达到较好的需求覆盖。

场景法适合测试业务流程清晰的系统或功能，最终用户希望软件能够实现其业务需求，而不只是简单的功能组合。对于单个功能，利用等价类、边界值、判定表等方法能够解决大部分测试问题。但是涉及对业务流程的测试，采用场景法比较合适。一般是在验证单点功能后，再通过场景法对业务流程进行验证。

②基本流和备选流。

场景法一般包括基本流和备选流，如图 3-4 所示。从一个业务流程开始，经过用例的每条路径都可以用基本流和备选流表示，通过遍历所有的基本流和备用流来描述场景。

a.基本流：采用直黑线表示，是经过用例的最简单路径，即无任何差错，程序从开始直接执行到结束的流程，往往是大多数用户最常使用的操作过程，体现了软件的主要功能与流程。通常，一项业务仅存在一个基本流，并且基本流仅有一个起点和一个终点。

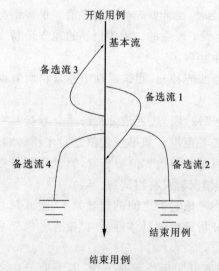

图 3-4　基本流和备选流

b.备选流:除基本流外的各个支流,采用不同颜色表示。备选流可能从基本流开始,在某个特定条件下执行,然后重新加入基本流中(如备选流 1 和备选流 3),也可以起源于另一个备选流(如备选流 2),还可以终止用例而不再加入基本流中(如备选流 2 和备选流 4),反映了各种异常和错误情况。

考虑用例从开始到结束所有可能的基本流和备选流的组合,可以确定不同的用例场景。例如,根据图 3-4,可以确定以下用例场景。

场景 1:基本流。

场景 2:基本流、备选流。

场景 3:基本流、备选流 1、备选流 2。

场景 4:基本流、备选流 3。

场景 5:基本流、备选流 3、备选流 1。

场景 6:基本流、备选流 3、备选流 1、备选流 2。

场景 7:基本流、备选流 4。

场景 8:基本流、备选流 3、备选流 4。

为了简化对问题的分析,上述场景中只考虑了备选流 3 循环执行一次的情况。

基本流和备选流的区别如表 3-13 所示:

表 3-13　　　　　　　　　　　　　　　　**基本流和备选流的区别**

比较项目	基本流	备选流
测试重要性	重要	次要
数量	一个	一个或多个
初始节点位置	系统初始状态	基本流或其他备选流
终止节点位置	系统终止状态	基本流或系统终止状态
是否构成完整的业务流程	是	否,为业务流程的执行片段
能否构成场景	能	否,需要和基本流共同构成场景

③基于场景法设计测试用例步骤与实例。

基于场景法设计测试用例时,需要重点设计出用户使用被测软件过程中的重要操作,一般包括以下两类:

a.模拟用户完成正常功能和核心业务逻辑的操作,以验证软件功能的正确性;

b.模拟用户操作中出现的主要错误,以验证软件的异常错误处理能力。

因此,场景法的使用要求用例设计者对被测软件的业务逻辑和主要功能非常熟悉。执行用例时,不仅要留意基本操作场景和异常操作场景的系统功能执行情况,还要关注场景各个操作环节所涉及的界面易用性、安全等非功能特性。

基于场景法测试的难点在于:

a.如何根据被测软件的业务来构建基本流和备选流;

b.如何根据事件流来构建场景以满足测试完备和无冗余的要求;

c.如何根据场景设计测试用例。

当备选流很多时,场景的构建实际上等同于业务执行路径的构建。备选流越多,则执行路径越多,与程序执行路径类似,将导致场景爆炸,这种情况下,需要选取典型场景进行测试。基本原则如下:

a.有且仅有一个场景包含基本流;

b.最少场景数等于基本流和备选流的总数;

c.对于某个备选流,至少应当有一个场景没覆盖它,并且该场景应当尽量避免覆盖其他的备选流。

根据场景法设计测试用例的步骤如下:

a.根据说明,描述出程序的基本流及各个备选流;

b.根据基本流和各个备选流生成不同的场景;

c.对每一个场景生成相应的测试用例;

d.对生成的所有测试用例重新审查,去掉多余的测试用例,测试用例确定后,对每一个测试用例确定测试数据值。

下面我们通过一个简化的实例来说明基于场景法的测试用例设计方法。

某旅馆住宿系统支持网上预订业务。游客访问网站进行房间预订操作,选择预订日期、合适的房间后,进行在线预订。此时,需要使用个人账号登录系统,待登录成功后,进行订金支付。订金支付成功后,生成房间预订单,完成整个房间预订流程。系统允许的预订期限为 30 天,订金为 400 元。

a.确定基本流和备选流。

根据实例的说明,确定基本流和备选流,如表 3-14 所示:

表 3-14 **基本流和备选流**

类型	描述	类型	描述
基本流	选择预订日期	备选流 1	预订日期超限
	选择房间	备选流 2	无空余房间
	登录账户	备选流 3	账户不存在
	订金支付	备选流 4	密码错误
	产生预订单	备选流 5	账号余额不足

b.根据基本流和备选流生成不同的场景。

场景 1(成功预订房间):基本流。

场景 2(预订日期超限):基本流、备选流 1。

场景 3(无空余房间):基本流、备选流 2。

场景 4(账户不存在):基本流、备选流 3。

场景 5(密码错误):基本流、备选流 4。

场景 6(账号余额不足):基本流、备选流 5。

c.测试用例设计。

对于每一个场景都需要确定测试用例,可以采用矩阵或决策表来确定和管理测试用例,表 3-15 是结合场景确定的基本测试用例。表 3-15 中显示了一种通用格式,表中各行代表各个测试用例,各列代表测试用例的信息。每个测试用例包括用例 ID、场景条件(或说明)、测试用例中涉及的所有数据元素(作为输入或已经存在于数据库中)以及预期结果。

一般从确定执行用例场景所需的数据元素构建矩阵。然后,对于每个场景,至少要确定包含执行场景所需的测试用例的条件情况。例如,在表 3-15 所示的矩阵中,"V"表明这个条件必须是有效的(Valid)才可执行基本流,而"I"表明在这种条件无效的(Invalid)情况下将激活所需备选流,"N/A"(不适用)表示这个条件不适用于测试用例。

表 3-15　　　　　　　　　　　　测试用例

用例编号	场景/条件	预定日期	房间	账号	密码	账号余额	预期结果
1	场景 1,成功预订房间	V	V	V	V	V	成功预订,提示"预订成功"账号余额减少
2	场景 2,预订日期超限	I	N/A	N/A	N/A	N/A	提示"预订日期无效",重选预订日期
3	场景 3,无空余房间	V	I	N/A	N/A	N/A	提示"预订日期房间已满",重选预订日期
4	场景 4,账户不存在	V	V	I	N/A	N/A	提示"账号不存在",重新输入账号
5	场景 5,密码错误	V	V	V	I	N/A	提示"密码错误",重新输入密码
6	场景 6,账号余额不足	V	V	V	V	I	提示"账号余额不足请充值"

在表 3-15 所示的矩阵中,无须为条件输入任何实际的数值,这样做的优点是只需要查看各条件的"V"和"I"设定情况,如果某个条件不具备"I"的取值情况,则说明还未测试该条件的无效情况,提示测试用例还不够充足。

d.确定测试用例数据值。

在表 3-16 中,假定 UserOne 为已注册用户,密码为 MyPass;UserTwo 是未注册用户。

表 3-16　　　　　　　　　　　测试用例(数据)

用例编号	场景/条件	预订日期	房间	账号	密码	账号余额	预期结果
1	场景 1	一个有效日期	未满	UserOne	Mypass	800	成功预订
2	场景 2	一个超出预定期限的日期	N/A	N/A	N/A	N/A	日期超限
3	场景 3	一个有效日期	已满	N/A	N/A	N/A	无空余房间

续表

用例编号	场景/条件	预订日期	房间	账号	密码	账号余额	预期结果
4	场景4	一个有效日期	未满	UserTwo	N/A	N/A	账号错误
5	场景5	一个有效日期	未满	UserOne	Nopass	N/A	密码错误
6	场景6	一个有效日期	未满	UserOne	Mypass	200	余额不足

3.3 任务实施

3.3.1 任务流程

任务流程如图3-5所示。

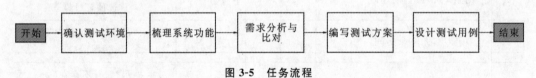

图3-5 任务流程

3.3.2 任务步骤

(1)确认测试环境、梳理系统功能

①首先确认测试环境,确认系统能够正常访问,获取用户登录账号信息并登录;

②在确认测试环境无误后,根据系统页面功能,开始梳理系统功能点,制作功能列表;

③完成系统功能点的梳理后,进入"需求分析与比对"阶段。

(2)需求分析与比对

①获取系统需求说明文档,对系统的需求进行分析与梳理,形成具体的需求列表;

②根据梳理的需求列表与功能列表,进行需求与功能比对;

③在完成系统的需求分析与比对工作后,进入"编写测试方案"阶段。

(3)编写测试方案

①在前期对系统的需求分析及获取项目信息的基础上,进一步明确和细化,从方向上明确测试什么、怎么测试,以及需要达到的测试质量标准;

②开始编写系统测试方案,测试方案的内容包括编写目的、项目概况、测试环境、测试策略、测试内容、测试的方法、测试用例的设计方法、测试管理与流程、人员及进度安排、风险评估、测试准入准出条件等;

③完成测试方案编写后,进入"设计测试用例"阶段。

(4)设计测试用例

①获取测试用例模板文档;

②根据系统功能与需求、测试场景,综合运用各类测试设计方法,对系统进行测试用例设计,并生成测试用例文档。

3.3.3 任务指导

(1)确认测试环境、梳理系统功能

①首先确认测试系统的环境,是否可以正常访问与登录,如图3-6所示。

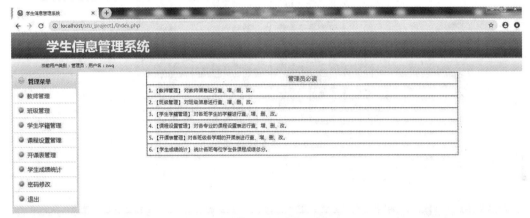

图3-6 学生信息管理系统

获取用户登录账号信息,如图3-7所示。

教师表

教师账号	密码	姓名	教授课程
2000700106	123	刘香	大学英语
2000800104	123	赵六	体育1

学生表

学生账号	密码	姓名
1902300010	123	孙红蕾
1902300009	123	王宝强

图3-7 用户登录账号信息

②根据系统的功能路径,梳理系统功能框架,如图3-8所示。

图3-8 梳理系统功能框架

梳理完成后,形成系统功能列表,如图 3-9 所示。

功能ID	子系统	模块	功能点
GN1	管理员子系统	登录系统	登录
GN2	管理员子系统	登录系统	查询
GN3	管理员子系统	教师管理	删除
GN4	管理员子系统	教师管理	确认
GN5	管理员子系统	教师管理	取消
GN6	管理员子系统	教师管理	全选
GN7	管理员子系统	教师管理	添加
GN8	管理员子系统	教师管理	输入
GN9	管理员子系统	教师管理	返回
GN10	管理员子系统	教师管理	翻页
GN11	管理员子系统	教师管理	修改
GN12	管理员子系统	教师管理	查询
GN13	管理员子系统	班级管理	删除
GN14	管理员子系统	班级管理	确认
GN15	管理员子系统	班级管理	取消

图 3-9　系统功能列表

(2)需求分析与比对

①获取系统需求说明文档,如图 3-10 所示。

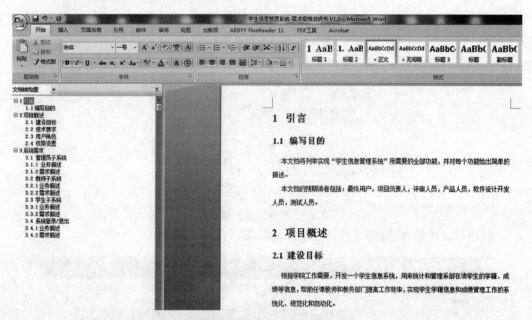

图 3-10　系统需求说明文档

②分析系统需求说明文档,进行系统需求梳理,如图 3-11、图 3-12 所示。

功能需求				
需求ID	子系统	模块	功能点	约束条件
XQ1	管理员子系统	教师管理	添加	教工号不能为空,且必须为10位数字……
XQ2	管理员子系统	教师管理	修改	手机号码必须为11位,且第1位为1
XQ3	管理员子系统	教师管理	查询	
……				

图 3-11 功能需求

非功能需求		
需求ID	类型	描述
XQ20	性能要求	1. 首页面的整体呈现时间:小于2秒 2. 单个事务查询和呈现时间:小于5秒
XQ21	稳定性要求	系统具备足够支撑现有用户数,并能支持未来2~5年用户增长,系统7×24连续运行,保证在网络稳定的环境下操作性界面单一操作的系统响应时间小于5秒
XQ22	安全要求	应用安全要求主要有身份鉴别、访问控制、安全审计、通信保密性、抗抵赖资源控制……

图 3-12 非功能需求

③根据梳理的需求列表与功能列表,进行需求与功能比对,确保系统功能实现项满足需求规格说明书中的描述,如图 3-13 所示。

系统功能				功能需求			
功能ID	子系统	模块	功能点	需求ID	子系统	模块	功能点
GN7	管理员子系统	教师管理	添加	XQ1	管理员子系统	教师管理	添加
GN11	管理员子系统	教师管理	修改	XQ2	管理员子系统	教师管理	修改
GN12	管理员子系统	教师管理	查询	XQ3	管理员子系统	教师管理	查询

图 3-13 需求功能比对

(3)编写测试方案

编写系统测试方案,测试方案的内容包括编写目的、项目概况、测试环境、测试策略、测试内容、测试的方法、测试用例的设计方法、测试管理与流程、人员及进度安排、风险评估、测试准入准出条件等内容,如图 3-14~图 3-22 所示。

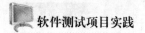

学生信息管理系统项目
测试方案 V1.0

申请方	李某某
项目名称	学生信息管理系统项目
测试类型	验收测试

图 3-14 测试方案封面

目 录 ◂ 目录部分

图 3-15 目录部分

1. 引言 ← 引言部分

1.1. 编写目的

编写本测试方案的目的是指导"学生信息管理系统"测试项目的测试工作，本文档主要从测试策略、测试内容、测试方案、测试流程及交付物、人员及进度计划等方面来计划和设计。

1.2. 适用范围

软件名称：×××测试

申请单位：×××公司

1.3. 术语和名词解释

1.3.1. 测试参数

（1）功能性

图 3-16 引言部分

2. 测试概况 ← 测试概况部分

根据学院工作需要，开发一个学生信息管理系统，用来统计和管理系部在读学生的学籍、成绩等信息，帮助任课教师和教务部门提高工作效率，实现学生学籍信息和成绩管理工作的系统化、规范化和自动化。

3. 测试策略 ← 测试策略部分

3.1. 测试标准

《系统与软件工程 系统与软件质量要求和评价（SQuaRE）第 51 部分：就绪可用软件产品（RUSP）的质量要求和测试细则》（GB/T 25000.51—2016）

3.2. 测试依据

➢ ×××需求分析报告

➢ ×××概要设计报告

➢ ×××详细设计报告

图 3-17 测试概况与测试策略部分

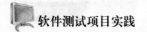

4. 测试内容 ← 测试内容部分

本次项目的测试内容包括功能性、性能效率、易用性、兼容性、信息安全性及用户文档集。具体测试内容见下表：

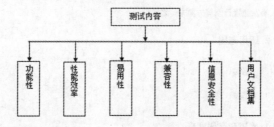

测试项	测试说明
功能性	安装之后，软件的功能能否执行？是否可识别？
	在给定的限制范围内，使用相应的环境设施、器材和数据，用户文档集中所陈述的所有功能是否可执行？
	软件是否符合产品说明所引用的任何需求文档中的全部要求？
	软件是否自相矛盾？是否与产品说明和用户文档集矛盾？
	由遵循用户文档集的最终用户对软件运行进行的控制与软件的行为是否一致？
性能效率	时间效率
	资源利用性
	容量
易用性	用户在看到产品说明或者第一次使用软件后，是否能确认产品或系统符合其要求？
	有关软件执行的各种问题、消息和结果是否易理解？
	每个软件出错消息是否指明如何改正差错或向谁报告差错？
	出自软件的消息是否设计成使最终用户易于理解的形式？
	屏幕输入格式、报表和其他输出对用户来说是否清晰且易理解？
	对具有严重后果的功能执行是否是可撤销的，或者软件是否给出这种后果的明显警告，并且在这种命令执行前要求确认？

图 3-18　测试内容部分

5. 测试方案 ← 测试方案部分

5.1 功能测试

5.1.1 软件功能范围

序号	子系统	内容	需求编号
1	管理员子系统	教师管理	XQ1
		班级管理	XQ2
		学生学籍管理	XQ3
		课程设置管理	XQ4
		开课表管理	XQ5
		学生成绩统计	XQ6
		修改密码	XQ7
2	教师子系统	个人信息查询	XQ8
		学生学籍查询	XQ9
		学生成绩管理	XQ10
		修改密码	XQ11
3	学生子系统	个人信息查询	XQ12
		成绩查询	XQ13
		修改密码	XQ14
4	系统登录&退出	系统登录	XQ15
		退出系统	XQ16

5.1.2 测试用例概述

5.1.2.1 测试用例的介绍

测试用例就是设计一个情况，软件程序在这种情况下，必须能够正常运行并且达到程序所设计的执行结果。如果程序在这种情况下不能正常运行，而且这种问题会重复发生，那就表示软件程序有缺陷，必须将这个问题标识出来，并且输入问题跟踪系统内，通知软件开发人员。软件开发人员将这个问题修改完成并提交新的测试版本后，测试人员必须利用同一个用例来测试这个问题，确认该问题已经修改完成（回归测试）。

由于不可能进行穷举测试，为了节省时间和资源、提高测试效率，必须从数量极大的可用测试数据中精心挑选出具有代表性或特殊性的测试数据来进行测试。

使用测试用例的好处主要体现在以下几个方面：

- 在开始实施测试之前设计好测试用例，可以避免盲目测试并提高测试效率。
- 测试用例的使用令软件测试的实施重点突出、目的明确。
- 在软件版本更新后只需修改少部分的测试用例便可展开测试工作，降低工作强度，缩短项目周期。
- 功能模块的通用化和复用化使软件易于开发，而测试用例的通用化和复用化则

图 3-19　测试方案部分

6. 测试流程及交付物 ← 测试流程及交付物部分

6.1 测试流程图

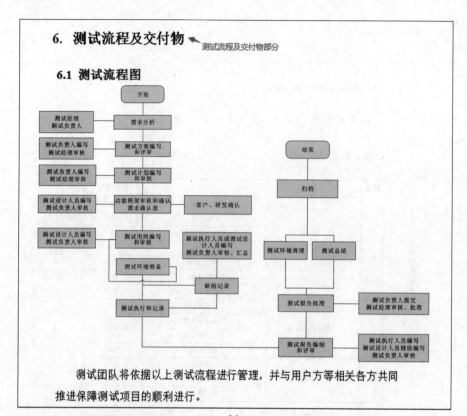

测试团队将依据以上测试流程进行管理，并与用户方等相关各方共同推进保障测试项目的顺利进行。

(a)

6.3 测试交付物

（1）项目规划阶段

　　1.项目组成员名单

　　2.项目组成员职责和任务书

　　3.项目计划书

　　4.项目启动会议纪要

（2）需求调研阶段

　　1.需求调研计划和提纲

　　2.需求分析报告

（3）测试实施阶段

　　1.测试计划

　　2.测试用例

　　3.缺陷列表

（4）测试报告阶段

　　1.验收测试报告

(b)

图 3-20　测试流程及交付物部分

7. 人员及进度计划 ◀ 人员及进度计划部分

7.1 测试项目人员组成

根据本次测试工作的特点，测试团队主要由下列人员岗位组成：

序号	岗位	人数	职责
1	技术负责人	1	1. 成立测试小组； 2. 制定测试规范； 3. 审核批准测试方案、测试计划、测试报告； 4. 总体技术把关
2	测试项目经理	1	1. 项目的联络和沟通； 2. 编写项目方案、测试计划； 3. 审核测试用例、脚本、场景、测试记录、缺陷记录； 4. 编写测试报告
3	测试工程师	2	1. 编写测试用例； 2. 准备测试脚本； 3. 实施测试、填写测试记录； 4. 编制缺陷记录； 5. 汇总测试结果
	合计	4	—

7.2 测试进度安排

序号	阶段名称	天数（工作日）	时间安排	描述	参与人员
1	项目启动	×	×月×日—×月×日	启动会议	项目经理 技术负责人
2	准备阶段	×	×月×日—×月×日	编写测试方案 编写测试计划 需求分析	项目经理 技术负责人
3	实施阶段	×	×月×日—×月×日	测试环境准备 测试用例设计	项目经理 技术负责人 测试工程师 （全部驻场）
		×	×月×日—×月×日	测试执行 测试记录 缺陷记录	技术负责人 测试工程师 （全部驻场）
		×	×月×日—×月×日	回归测试	技术负责人 测试工程师 （全部驻场）

图 3-21　人员及进度计划部分

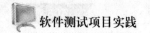

8. 其他 ◄— 其他部分（包括风险评估、测试准出及延迟条件）

8.1 风险评估

我公司有规范的风险管理程序和流程，测试团队通过对项目进度的把控，提早预期风险并判断风险的等级，通过分析风险，制订有效的风险应对方案，并注意项目风险的把控，及时提出改进建议。

风险因子	可能影响范围	风险可能发生阶段	风险等级	预防措施
测试范围不够明确，项目文档等是否齐全并规范不明确	无法进行有效的项目分析，无法明确测试范围；项目进度无法预期，工作量预估困难	项目启动阶段	高	通过与客户、审计或监理方沟通明确测试需求及项目文档情况；通过项目文档了解测试范围
实际开发软件与测试需求规格说明书存在差异或完全无法对应	测试报告中功能描述无法与需求对应；测试进度延误，无法正常完成测试工作	测试实施及测试报告阶段	高	了解项目进度，及时与客户、审计或监理方交流，明确需求变更情况，再次明确测试需求。更新测试文档，调整测试计划
人员变动	影响测试工作顺利开展	随时	中	建立完善的项目人员备份，所有项目数据都记录存储在检验检测管理平台

8.2 测试准出条件

① 所有功能测试、性能测试和接口测试执行完毕，满足需求确认表中的测试要求。

② 所有"微小"级别及以上的缺陷都已确认修复并验证通过。

③ 提交验收测试报告。

8.3 测试延迟条件

① 申请单位无法提供被测系统环境或提供的环境与被测系统不符，通知其重新提供后仍未在规定时间内提供，导致测试无法继续进行。

② 在测试过程中，软件运行出现难以修复的严重Bug，导致测试无法继续进行。

图 3-22　其他部分（包括风险评估、测试准出及延迟条件）

（4）设计测试用例

①获取测试用例模板文档，内容包括用例编号、测试说明、用例描述、测试步骤、测试数据、预期结果、执行人、测试时间、测试状态等，如图 3-23 所示。

测试用例

软件名称			项目编号							
检测人员			审核人员							
测试时间			测试地址							
用例编号	子系统	模块	功能点	测试说明	用例描述	测试步骤	测试数据	预期结果	执行人	测试时间	测试状态

图 3-23　测试用例模板

②设计测试用例，根据系统功能、需求、测试场景，综合运用各类测试设计方法，对系统进行测试用例设计。

a. 等价类划分法的设计步骤与实例。

运用等价类划分法设计测试用例时，一般采用如下步骤。

（a）按照表 3-17 所示建立等价类表，列举出所有划分的有效等价类和无效等价类，这一步骤是设计等价类划分法测试用例的关键。

表 3-17　　　　　　　　　　　　　等价类表

输入条件	有效等价类	无效等价类
……	……	……
……	……	……

（b）给每一个等价类规定唯一的编号。

（c）设计一个有效等价类测试用例，使其尽可能多地覆盖尚未覆盖的有效等价类。重复这一步骤，直到所有的有效等价类都被测试用例覆盖。

（d）设计一个无效等价类测试用例，使其只覆盖一个无效等价类。重复这一步骤，直到所有的无效等价类都被测试用例覆盖。

从以上步骤的内容可以看出，有效等价类测试用例的数量往往小于有效等价类的数量，因为一个有效等价类测试用例可能会覆盖多个有效等价类。但是，无效等价类测试用例的数量一般等于无效等价类的数量，也就是说，需要为每一个无效等价类设计一个对应的测试用例。这是因为一个测试用例如果覆盖了多个无效等价类，那么当执行这个测试用例并且发现其中一个无效等价类错误时，测试过程将会终止，不再继续检测其他错误，也就无法发现其他无效等价类错误，已发现的错误屏蔽了其他程序错误。

接下来，我们看一个该项目中用等价类划分法设计测试用例的实例。

实例 1　为学生信息管理系统登录页面中"用户名"字段设计测试用例。

①需求：用户名限制为 6～10 位自然数，用户名不可以为空。

②界面原型，如图 3-24 所示。

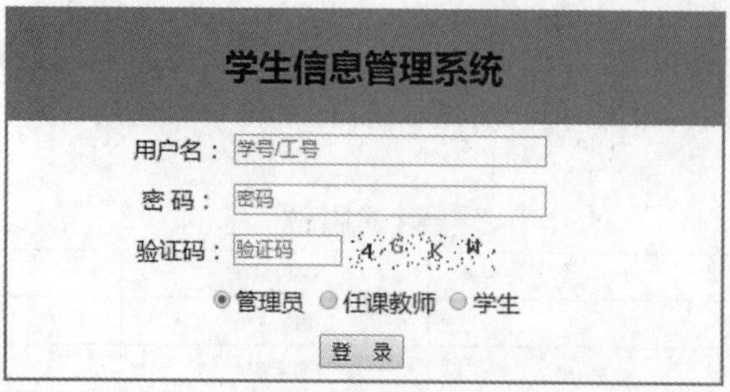

图 3-24 学生信息管理系统登录界面

③任务:采用等价类划分法进行测试用例设计。

第一步:依据常用方法,列举出所有划分的有效等价类和无效等价类。

第二步:给每一个等价类规定唯一的编号,如图 3-25 所示。

输入	有效等价类	无效等价类
用户名	长度在6~10位之间(1)	长度小于6(3)
		长度大于10(4)
	类型是0~9自然数(2)	负数(5)
		小数(6)
		英文字母(7)
		字符(8)
		中文(9)
		空(10)

图 3-25 采用等价类划分法进行测试用例设计

第三步:设计一个新用例,使它能够尽量覆盖尚未覆盖的有效等价类。重复该步骤,直到所有的有效等价类均被用例覆盖,如图 3-26 用例 1 所示。

第四步:设计一个新用例,使它仅覆盖一个尚未覆盖的无效等价类。重复该步骤,直到所有的无效等价类均被用例覆盖,如图 3-26 用例 2~9 所示。

用例编号	覆盖用例	输入	预期结果
1	1、2	1234567	输入正确,系统无提示
2	3	123	系统提示用户名应为6~10位自然数
3	4	12345678901	系统提示用户名应为6~10位自然数
4	5	-123456	系统提示用户名应为6~10位自然数
5	6	1.222211	系统提示用户名应为6~10位自然数
6	7	21312abc	系统提示用户名应为6~10位自然数
7	8	1213123#@#	系统提示用户名应为6~10位自然数
8	9	你好2132	系统提示用户名应为6~10位自然数
9	10	空	系统提示用户名应为6~10位自然数

图 3-26 第三、四步用例

第五步:使用测试用例模板,编写完整测试用例,如图 3-27 所示。

测试用例

软件名称			学生信息管理系统			项目编号		×××		
检测人员			张三			审核人员		李四		
测试时间			2020/6/14			测试地址		×××		
用例编号	子系统	模块	功能点	测试说明	用例描述	测试步骤	测试数据	预期结果	执行人	测试时间	测试状态
XL1	管理员子系统	登录系统	登录	正向用例	等价类划分用户名字段（覆盖用例1、2）	1.进入"学生信息管理系统"登录页面；2.输入测试数据；	用户名：1234567	输入正确，系统无提示信息	张三	2020/6/14	通过

图3-27 测试用例模板

注意：①以上为"页面中某一字段"采用等价类划分法进行用例设计的步骤，实际操作中需要对多个输入框进行组合设计用例。

②请回顾等价类划分法的步骤。

根据上述条件，可以按照表3-17所示建立等价类表，列举出所有的有效等价类和无效等价类，并且给每一个等价类规定唯一的编号。

接下来，根据已划分出的有效等价类和无效等价类设计出等价类划分法测试用例，使其覆盖所有的等价类。设计测试用例时，尤其要注意对无效等价类测试用例的设计，需要注意的是，等价类测试用例的设计结果不一定是唯一的，不同设计人员可能会划分出不同的等价类，只要测试用例能够满足测试要求，足以覆盖被测程序就可以了。

为了加深对等价类划分法测试用例设计的了解，我们再来看一个测试用例设计实例。

实例2 学生信息管理系统录入开课表符合如下需求。

①需求：

a.班级序号：必填项，下拉框。

b.课程名称：必填项，下拉框。

c.周课时：必填项，自然数。

d.周数：必填项，自然数。

e.开课学期：必填项，下拉框。

f.任课教师：下拉框。

②界面原型如图3-28所示。

图3-28 开课表界面原型

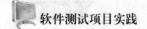

③任务:采用等价类划分法进行测试用例设计。

第一步:依据常用方法划分等价类。

第二步:为等价类表中的每一个等价类分别规定一个唯一的编号,如图 3-29 所示。

输入	有效等价类	无效等价类
班级序号	必须填写(1)	空(2)
课程名称	必须填写(3)	空(4)
周课时	自然数(5)	负数(6)
		小数(7)
		英文字母(8)
		中文(9)
		字符(10)
		空(11)
周数	自然数(12)	负数(13)
		小数(14)
		英文字母(15)
		中文(16)
		字符(17)
		空(18)
开课学期	必须填写(19)	空(20)
任课教师	必须填写(21)	—
	空(22)	

图 3-29   采用等价类划分法进行测试用例设计

第三步:设计一个新用例,使它能够尽量覆盖尚未覆盖的有效等价类。重复该步骤,直到所有的有效等价类均被用例所覆盖,如图 3-30 用例 1~2 所示。

第四步:设计一个新用例,使它仅覆盖一个尚未覆盖的无效等价类。重复该步骤,直到所有的无效等价类均被用例所覆盖,如图 3-30 用例 2~17 所示。

用例编号	覆盖用例	输入						预期结果
		班级序号	课程名称	周课时	周数	开课学期	任课教师	
1	1、3、5、12、19、21	1703	体育	3	4	19-20	朱丹	系统提示创建成功
2	1、3、5、12、19、22	1704	体育	3	4	19-20	空	系统提示创建成功
3	2	空	体育	3	4	19-20	朱丹	系统提示班级序号应为必填项
4	4	1703	空	3	4	19-20	朱丹	系统提示课程名称应为必填项
5	6	1703	体育	-33	4	19-20	朱丹	系统提示周课时应为自然数
6	7	1703	体育	3.22	4	19-20	朱丹	系统提示周课时应为自然数
7	8	1703	体育	dad	4	19-20	朱丹	系统提示周课时应为自然数
8	9	1703	体育	穷	4	19-20	朱丹	系统提示周课时应为自然数
9	10	1703	体育	%%@@	4	19-20	朱丹	系统提示周课时应为自然数
10	11	1703	体育	空	4	19-20	朱丹	系统提示周课时应为必填项
11	13	1703	体育	3	-44	19-20	朱丹	系统提示周数应为自然数
12	14	1703	体育	3	5.22	19-20	朱丹	系统提示周数应为自然数
13	15	1703	体育	3	dad2	19-20	朱丹	系统提示周数应为自然数
14	16	1703	体育	3	我	19-20	朱丹	系统提示周数应为自然数
15	17	1703	体育	3	%¥%	19-20	朱丹	系统提示周数应为自然数
16	18	1703	体育	3	空	19-20	朱丹	系统提示周数应为必填项
17	20	1703	体育	3	4	空	朱丹	系统提示开课学期应为必填项

图 3-30   测试用例

第五步:使用测试用例模板,编写完整测试用例,如图 3-31 所示。

测试用例

软件名称		学生信息管理系统				项目编号		×××			
检测人员		王五				审核人员		李四			
测试时间		2020-6-14				测试地址		×××			
用例编号	子系统	模块	功能点	测试说明	用例描述	测试步骤	测试数据	预期结果	执行人	测试时间	测试状态
XL1	管理员子系统	开课表管理	添加	反向用例	等价类划分录入开课表(覆盖用例6)	1.登录"学生信息管理系统"; 2.进入"开课表管理"页面,点击【添加】按钮; 2.在表单内输入相应测试数据; 3.点击【添加】按钮,提交表单。	班级序号:1703 课程名称:体育 周课时:-33 周数:4 开课学期:19-20 任课老师:朱丹	系统提示周课时应为自然数	王五	2020-6-14	通过

图 3-31　编写完整测试用例

注意:①以上为"页面中某一整体页面"(页面中包含多个字段)采用等价类划分法进行用例设计的步骤。

②请回顾等价类划分法的步骤。

③请对比实例 1 和实例 2 中的不同场景,进行等价类划分法的应用。

b. 边界值分析法设计步骤和实例。

单单依靠等价类划分法设计测试用例并不能完全覆盖测试点,往往在边界区域更容易暴露程序的问题。边界值分析法是对输入或输出的边界值进行测试的一种测试方法。它不是一个等价类任选一值做代表(等价类划分法是在等价类中任意选一个值做代表),而是选一个或多个值,使该等价类的边界值成为测试关注目标。通常,边界值分析法作为等价类划分法的补充,而边界值分析法的测试用例往往来自等价类的边界,针对边界的取值进行特别关注。

在等价类的边界上以及两侧进行测试用例设计时,可以参考如下思路进行:

首先,确定边界,通常,输入或输出等价类的边界即为边界值分析法着重测试的边界区域。其次,选取等于、刚刚大于或刚刚小于等价类边界的值作为边界值测试数据,而并非选取等价类中的典型值或任意值,例如:

(a)输入条件规定了值的范围,则应取刚达到这个范围的边界值以及刚刚超过这个范围边界的值作为测试边界值。

(b)输入条件规定了值的个数,则应取最大个数、最小个数及比最大个数多 1 个、比最小个数少 1 个的数作为测试边界值。

(c)输入域或输出域是有序集合(如有序表、顺序文件等),则应选取集合中第一个和最后一个元素作为测试边界值。

(d)分析需求规格说明书,找出其他可能的边界条件。面对不同类型的条件限制,往往测试边界值查找中存有一定规律,如表 3-18 所示。

表 3-18   找出其他可能的边界条件

类型	边界值	实例
数字	最大/最小	某保险系统的投保界面中,尽可能针对年龄在 5～50 岁的人群进行投保,现进行投保年龄测试
字符	首位/末位	针对 ASCII 中的字符"A"～"Z"范围进行测试,则其边界值对应为"@、{、A、Z"
位置	上/下	某列表中最多显示 20 条记录,现进行删除操作测试
速度	最快/最慢	某登录页面的验证码功能,当该验证码停留 10s 未进行验证码输入时,验证码过期,现进行验证码过期时长测试
尺寸	最短/最长	某视频监控系统,可监控的视角范围为 1～20m 的区域,现进行该监控范围的测试
重量	最轻/最重	重量在 10.00～50.00kg 范围内的邮件,其邮费计算公式为……(略),则其重量的边界值为 9.99,10.00,50.00,50.01
空间	空/满	某 U 盘容量为 1GB,现针对该 U 盘容量进行测试

以下实例,主要是在实例 1 的基础上从实践角度进一步采用边界值分析法进行用例补充。

实例 3 为学生信息管理系统登录页面中"用户名"字段设计测试用例。

①需求:用户名限制为 6～10 位自然数,用户名不可以为空。

②界面原型如图 3-29 所示。

③任务:采用边界值分析法进行测试用例设计。

前置条件:在实例 1 中已完成了等价类划分法的测试用例设计,如图 3-25 所示。

第一步:针对图 3-25 中"长度在 6～10 位之间"有效等价类进行边界值选取。边界值为 5 位、6 位、10 位、11 位,故需针对上述边界值进行测试用例设计,以补充等价类划分法测试用例设计。

第二步:针对边界值进行测试用例设计,如图 3-32 所示。

用例编号	覆盖边界值	输入	预期结果
1	5位	12345	系统提示用户数为6～10位自然数
2	6位	123456	输入正确,系统无提示
3	10位	1234567890	输入正确,系统无提示
4	11位	12345678901	系统提示用户数为6～10位自然数

图 3-32 针对边界值进行测试用例设计

注意:①边界值分析法往往是在等价类划分法基础上采用的,是进行等价类划分法测试用例设计的追加和扩充,基于经验得知,采用边界值分析法更容易发现系统缺陷。

②使用边界值分析法补充测试用例过程中,若追加的用例在等价类划分法中恰巧已

经设计过,则该用例可以省略不编写或不执行。

实例 4 为学生信息管理系统添加班级信息测试用例设计。

①需求:

a. 班级序号:长度 2～6 位之间。

b. 入学年份:年份应为 4 位数字,区间是 2001～2020 年。

c. 专业名称:长度 3～16 位之间。

d. 班级名称:长度 3～16 位之间。

e. 班级人数:长度 2～6 位之间。

②界面原型如图 3-33 所示。

添加班级信息	
班级序号	
入学年份	
专业名称	
班级名称	请选择班级名称 ▼
班级人数	
添加 返回	

图 3-33 学生信息管理系统—添加班级信息

③任务:采用边界值分析法进行测试用例设计。

前置条件:已完成了等价类划分法的测试用例设计,如图 3-34 所示。

输入	有效等价类	无效等价类
班级序号	长度2～6位之间(1)	长度小于2(2)
		长度大于6(3)
入学年份	年份是4位(4)	年份不是4位(5)
	年份在2001～2020年(6)	年份早于2001年(7)
		年份晚于2020年(8)
专业名称	长度3～16位之间(9)	长度小于3(10)
		长度大于16(11)
班级名称	长度3～16位之间(12)	长度小于3(13)
		长度大于16(14)
班级人数	长度2～6位之间(15)	长度小于2(16)
		长度大于6(17)

图 3-34 等价类划分法的测试用例设计

第一步:针对图 3-34 中的字段进行边界值选取,如图 3-35 所示。

输入	等价类	边界值
班级序号	长度2～6位之间	1位、2位、6位、7位
入学年份	年份是4位(4)	3位、5位
	年份在2001～2020年(6)	2000年、2001年、2020年、2021年
专业名称	长度3～16位之间(9)	2位、3位、16位、17位
班级名称	长度3～16位之间(12)	2位、3位、16位、17位
班级人数	长度2～6位之间(15)	1位、2位、6位、7位

图 3-35 边界值选取

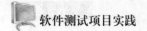

第二步：针对边界值进行测试用例设计，如图 3-36 所示。

用例编号	覆盖边界值	输入					预期结果
		班级序号	入学年份	专业名称	班级名称	班级人数	
1	班级序号长度1位	2	2016	大学英语	大三一班	23	系统提示班级序号长度应为2~6位
2	班级序号长度2位	12	2016	大学英语	大三一班	23	输入正确，系统提示创建成功
3	班级序号长度6位	123456	2016	大学英语	大三一班	23	输入正确，系统提示创建成功
4	班级序号长度7位	1234567	2016	大学英语	大三一班	23	系统提示班级序号长度应为2~6位
5	入学年份3位	119	200	大学英语	大三一班	23	系统提示入学年份应为4位
6	入学年份5位	119	20021	大学英语	大三一班	23	系统提示入学年份应为4位
7	入学年份2000年	119	2000	大学英语	大三一班	23	系统提示入学年份应在2001~2020年
8	入学年份2001年	119	2001	大学英语	大三一班	23	输入正确，系统提示创建成功
9	入学年份2020年	119	2020	大学英语	大三一班	23	输入正确，系统提示创建成功
10	入学年份2021年	119	2021	大学英语	大三一班	23	系统提示入学年份应在2001~2020年
11	专业名称长度2位	119	2016	22	大三一班	23	系统提示专业名称长度为3~16位
12	专业名称长度3位	119	2016	333	大三一班	23	输入正确，系统提示创建成功
13	专业名称长度16位	119	2016	122asd2341231230	大三一班	23	输入正确，系统提示创建成功
14	专业名称长度17位	119	2016	1223112vvv2312302	大三一班	23	系统提示专业名称长度应为3~16位
15	班级名称长度2位	119	2016	大学英语	22	23	系统提示班级名称长度为3~16位
16	班级名称长度3位	119	2016	大学英语	333	23	输入正确，系统提示创建成功
17	班级名称长度16位	119	2016	大学英语	122asd2341231230	23	输入正确，系统提示创建成功
18	班级名称长度17位	119	2016	大学英语	1223112vvv2312302	23	系统提示班级名称长度应为3~16位
19	班级人数长度1位	119	2016	大学英语	大三一班	2	系统提示班级人数长度应为2~6位
20	班级人数长度2位	119	2016	大学英语	大三一班	12	输入正确，系统提示创建成功
21	班级人数长度6位	119	2016	大学英语	大三一班	123456	输入正确，系统提示创建成功
22	班级人数长度7位	119	2016	大学英语	大三一班	1234567	系统提示班级人数长度应为2~6位

图 3-36　针对边界值进行的测试用例设计

注意：图 3-36 中的某些用例（如用例 3、9、16 等）依据等价类划分法中"设计一个新用例，使它能够尽量覆盖尚未覆盖的有效等价类"的思想，实质上可同等价类划分法得出的测试用例进行合并，在图 3-36 中再次列出，旨在让读者对边界值分析法有更清晰的理解。

c.场景法的设计步骤与实例。

"场景"可以理解为由"哪些人、什么时间、什么地点、做什么以及如何做"等要素组成的一系列相关活动，且场景中的活动还能由一系列场景组成。

在充分理解了"场景"后，不难理解场景法是通过使用"场景"对软件系统的功能点或业务流程进行描述，即针对需求模拟出不同的场景进行所有功能点及业务流程的覆盖，从而提高测试效率并达到良好效果的一种方法。场景法适用于解决业务流程清晰的系统或功能。

通常，场景法由基本流和备选流两部分构成。

(a)基本流：一般采用直黑线表示，基本流是经过用例的最简单的路径（无任何差错），程序从开始直接执行到结束的流程。通常，一个业务仅存在一个基本流，且基本流仅有一个起点和一个终点。

(b)备选流：一般采用不同颜色表示。备选流为除基本流之外的各支流，包含多种不同情况。一个备选流可能从基本流开始，在某个特定条件下执行，然后重新加入基本流中，也可以起源于另一个备选流，或终止用例，不再加入基本流中（各种错误情况）。

注："基本流""备选流"详细用例场景见本书第71页。

至此，读者对场景及场景法应已有了部分认识，究竟如何使用场景法？可参照如下步骤进行测试用例设计。

(a)分析需求，确定出软件的基本流及各项备选流；

(b)依据基本流和各项备选流，生成不同的场景；

(c)针对生成的各场景，设计相应的测试用例；

(d)重新审核生成的测试用例，去掉多余部分，并针对最终确定的测试用例设计测试数据。

综上所述为场景法理论层面上的相关介绍，现在以银行 ATM 机取款流程为例，从实践角度进一步阐述场景法的应用。

实例 5　为银行 ATM 机取款业务流程进行测试用例设计。

①需求：某银行 ATM 机支持取款业务，顾客插入银行卡后输入密码，选择取款业务，后输入取款金额，确认取款信息，后进行取款操作，最后取回银行卡。

②任务：采用场景法进行测试用例设计。

前置条件：该系统业务流程描述清晰，适合采用场景法设计用例。

第一步：分析需求，确定软件的基本流及各项备选流，如图 3-37、图 3-38 所示。

类型	用例描述
基本流	插入银行卡
	输入密码
	选择业务（取款）
	输入金额
	确认取款信息
	取款
	取回银行卡

图 3-37　确定基本流及备选流 1

类型	用例描述
备选流1	银行卡不能被识别
备选流2	密码输入错误2次以内
备选流3	密码输入3次错误吞卡
备选流4	输入金额错误
备选流5	柜机内没有钱
备选流6	取款大于账户余额
备选流7	取款已超过单次取款最大值：3000元
备选流8	取款已超过每日取款最大值：30000元
备选流 X	退卡

图 3-38　确定基本流及备选流 2

注：备选流 X（用户退出系统）含义为可在任务步骤中发生，故标识为未知数 X。

第二步：依据基本流和各项备选流，生成不同的场景，如图 3-39 所示：

场景名称	场景组合	
场景1 成功取款	基本流	—
场景2 银行卡不能被识别	基本流	备选流1
场景3 密码输入错误2次以内	基本流	备选流2
场景4 密码输入3次错误吞卡	基本流	备选流3
场景5 输入金额错误	基本流	备选流4
场景6 柜机内没有钱	基本流	备选流5
场景7 取款大于账户余额	基本流	备选流6
场景8 取款已超过单次取款最大值：3000元	基本流	备选流7
场景9 取款已超过每日取款最大值：30000元	基本流	备选流8

图 3-39　生成不同的场景

注：由于备选流 X（退卡）可于多个步骤中发生，故未分别设计场景，读者在测试时考虑并执行测试即可。

第三步：针对生成的各场景，设计相应的测试用例，如图 3-40 所示。

用例	场景/条件	银行卡	密码	业务	输入金额	账户余额	柜机余额
1	场景1 成功取款	有效	有效	有效	有效	有效	充足
2	场景2 银行卡不能被识别	无效	不适用	不适用	不适用	不适用	充足
3	场景3 密码输入错误2次以内（1次）	有效	无效	不适用	不适用	不适用	充足
4	场景3 密码输入错误2次以内（2次）	有效	无效	不适用	不适用	不适用	充足
5	场景4 密码输入3次错误吞卡	有效	无效	不适用	不适用	不适用	充足
6	场景5 输入金额错误	有效	有效	有效	无效	不适用	充足
7	场景6 柜机内没有钱（余额为0）	有效	有效	有效	有效	有效	不足
8	场景6 柜机内没有钱（余额不足）	有效	有效	有效	有效	有效	不足
9	场景7 取款大于账户余额	有效	有效	有效	有效	无效	充足
10	场景8 取款已超过单次取款最大值：3000元	有效	有效	有效	无效	不适用	充足
11	场景9 取款已超过每日取款最大值：30000元	有效	有效	有效	无效	不适用	充足

图 3-40　设计相应的测试用例

第四步：重新审核生成的测试用例，去掉多余部分，并针对最终确定的测试用例设计测试数据，如图 3-41 所示。

注：①A 储蓄卡为能正常有效使用的银行卡，密码为 123456；

②B 储蓄卡为无法正常使用的失效银行卡；

③单次取款最小金额为 100 元，最大金额为 3000 元，每日取款最大金额为 30000 元。

至此，图 3-41 中的场景即可填入测试用例模板并开展测试，值得一提的是，读者可以根据等价类划分法或其他方法对测试用例进行进一步补充，此处仅为采用场景法针对 ATM 机取款业务流程进行用例设计的步骤。

用例	场景/条件	银行卡	密码	业务	输入金额	账户余额	柜机余额
1	场景1 成功取款	A储蓄卡	123456	取款	800	1000	100000
2	场景2 银行卡不能被识别	B储蓄卡	不适用	不适用	不适用	不适用	100000
3	场景3 密码输入错误2次以内（1次）	A储蓄卡	654321	不适用	不适用	不适用	100000
4	场景3 密码输入错误2次以内（2次）	A储蓄卡	654321	不适用	不适用	不适用	100000
5	场景4 密码输入3次错误吞卡	A储蓄卡	654321	不适用	不适用	不适用	100000
6	场景5 输入金额错误	A储蓄卡	123456	取款	12	不适用	100000
7	场景6 柜机内没有钱（余额为0）	A储蓄卡	123456	取款	800	1000	0
8	场景6 柜机内没有钱（余额不足）	A储蓄卡	123456	取款	800	1000	500
9	场景7 取款大于账户余额	A储蓄卡	123456	取款	1500	1000	100000
10	场景8 取款已超过单次取款最大值：3000元	A储蓄卡	123456	取款	4000	不适用	100000
11	场景9 取款已超过每日取款最大值：30000元	A储蓄卡	123456	取款	31000 (3000×10+1000)	不适用	100000

图 3-41　测试用例

3.4　总结与思考

本章主要介绍了"学生信息管理系统"项目功能梳理、需求分析的方法，并通过编写测试方案从方向上明确测试什么、怎么测试，以及需要达到的测试标准，从技术的角度对测试活动进行规划，使测试人员能够进一步理解需求和设计，最后通过等价类划分法、边界值分析法、场景法的黑盒测试方法，对"学生信息管理系统"有效地设计测试用例，保证更高的测试覆盖率。

通过本章的学习，大家可以更好地理解如何进行软件需求分析、编写测试方案、设计测试用例。

通过本章的知识学习和实践操作，思考以下问题：

①什么是软件需求？软件需求有哪些分类？在实际项目中如何进行软件需求分析？

②编写测试方案的目的是什么？测试方案包含哪些内容？

③编写测试用例的作用是什么？测试用例包含哪些内容？

④等价类划分法、边界值分析法、场景法的设计步骤各是什么？

⑤以等价类和边界值的方式，按年、月、日设计一个日历测试用例（2000—2020 年）。

⑥以下案例请使用场景法的方式设计测试用例：有一个在线购物的实例，用户进入一个在线购物网站进行购物，选购物品后，进行在线购买，这时需要使用账号登录，登录成功后，进行交易，交易成功后，生成订购单，完成整个购物过程。

第4章 Web 应用性能测试

Web 应用
软件测试

本章主要结合学生信息管理系统项目,使用自动化测试工具按照软件性能测试相关要求,执行 Web 端性能测试;针对常见性能指标,使用通用的性能测试工具 LoadRunner、JMeter,按照性能测试流程,从性能测试需求分析、计划制订、环境配置、场景设置、脚本录制与调优到结果分析,按照企业实际执行模式,系统化地完成性能测试。

4.1　测试任务

4.1.1　实践目标

①理解性能测试的基本概念;
②熟悉 LoadRunner 工具的使用;
③熟悉 JMeter 工具的使用;
④能使用性能测试工具对 Web 应用程序进行性能测试;
⑤理解性能指标,能利用测试数据进行软件性能分析。

4.1.2　实践环境

硬件环境:客户端电脑、服务器端电脑。
软件环境:Windows 7 操作系统、Office 软件、WampServer、LoadRunner12.02、JMeter3.3。
被测系统:学生信息管理系统。

4.1.3　任务描述

任何系统软件都存在功能性和非功能性两方面的需求。性能测试是系统非功能性需求中最为重要的内容,是为了保证系统具有良好的安全性、可靠性和执行效率。
对一个软件系统而言,性能测试包含负载测试、压力测试、并发测试、大数据量测试等。学生信息管理系统是一个 B/S 框架结构的动态网站,处理的业务包括教师信息管

96

理、学生信息管理、课程管理、课表管理、学生成绩管理等。该系统具备其他网站应具备的性能要求,本部分主要使用主流的性能测试工具 LoadRunner 和 JMeter 对学生信息管理系统执行性能测试。

4.2　知 识 准 备

性能测试用来保证产品发布后系统的性能满足用户需求,是为验证系统性能是否能够满足用户文档集中的要求,验证系统是否能够满足日后扩容的潜在需求,验证系统是否能够达到设计规定的连续运行的能力而进行的测试。

比如,用户希望某个系统首页响应时间在 5s 内,主要业务操作时间小于 10s,同时支持 500 个用户在线操作等性能要求。

再比如,一个软件系统前期用户较少,但是随着宣传力度的加大,用户规模可能会呈几何倍数增加,在这种情况下,如果不经过系统性能测试,系统很可能会崩溃。

性能测试的理论知识是指导性能测试整个实施过程的重要依据,也是保证性能测试能够顺利实施并取得良好效果的基础。

4.2.1　性能测试概述

性能测试是为了发现系统性能问题或获取系统性能相关指标而进行的测试。软件的性能包括执行效率,资源利用率,系统稳定性、安全性、兼容性、可靠性、易用性、可扩展性等。性能测试一般是指在真实环境、特定负载条件下,通过自动化测试工具模拟多种正常、峰值以及异常负载条件来对系统的各项性能指标进行测试。

4.2.1.1　性能测试的特点
①性能测试要事先了解被测试系统的具体使用场景,并具有确定的性能目标。
②性能测试要求在已经确定的环境下运行。

总的来说,性能测试是对系统性能已经有一定了解的前提下,并对需求有明确的目标,且在已经确定的环境下进行的一种测试。

4.2.1.2　性能测试的目的
性能测试主要是验证软件系统是否能达到用户提出的性能指标,同时发现软件系统中存在的性能瓶颈,优化软件,最后起到优化系统的目的。

性能测试的目的包括以下几个方面。
①评估系统的能力。性能测试主要考查系统的能力,测试中得到的负荷和响应时间数据可以被用于验证系统能力。
②识别体系中的弱点。性能测试考查系统受控的负荷在被增加到一个极端的水平情况下还存在哪些瓶颈或薄弱的地方并为解决这些弱点提供路径。
③系统调优。性能测试的系统调优就是重复运行测试,验证调整系统的活动得到了预期的结果,从而改进性能。
④检测软件中的问题。长时间的测试执行可导致程序发生由内存泄露引起的失败,

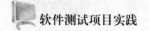

性能测试可以揭示程序中的隐含的问题或冲突。

⑤验证稳定性和可靠性。在一个生产负荷下执行测试一定的时间是评估系统稳定性和可靠性是否满足要求的唯一方法。

4.2.1.3　功能测试和性能测试的关系

功能测试和性能测试是软件测试中最为重要的两个方面,很难界定到底功能测试重要还是性能测试重要。一款优秀的软件产品,表现在功能上能正确实现所有用户的业务操作请求,操作方便,交互界面良好;性能上能及时、快速地响应所有用户的业务操作请求。所以经过严格的功能测试和性能测试是成为优秀软件产品的必要环节。功能测试和性能测试二者密不可分,对不能正确实现系统业务功能的软件产品执行性能测试是没有意义的,一款软件产品功能实现了,但其业务响应处理能力低下,也终将会被淘汰。

功能测试和性能测试的执行顺序如何?先做功能测试还是先做性能测试?执行性能测试的目标是什么?通常情况下,测试一款软件产品是在最终版本功能测试完成之后进行性能测试。因为只有保证软件产品能正确实现用户要求的功能后,做性能测试才有意义。功能实现不正确,就意味着需要对源程序进行进一步的修改、完善,代码、数据方面的变更都有可能给系统性能带来影响。但是有些情况下,性能测试必须提前进行,例如同一个系统可以采用.NET和Java两种架构。

同样的系统用不同的语言,框架实现效果也会有所不同。为了确保系统的性能更好,可以在系统实现前期设计一个能满足系统关键功能的Demo,设计同样的场景,测试不同语言、不同框架之间的性能差异,然后确定选择性能好的语言、框架开发软件产品。这样既可以缩短语言、框架选择的时间,又能保证更有效地了解后续产品的性能情况。

综上,功能测试和性能测试是相辅相成的,对一款优秀的软件产品而言,功能测试和性能测试是不可缺少的两个重要测试环节。根据不同目标的性能测试情况,结合实际需求,选择合适的时间点进行,可以提高工作效率,减少不必要的浪费,实现产品利益最大化。

4.2.2　性能测试的类型

性能测试从广义上可分为负载测试、压力测试、并发测试、容量测试、配置测试、可靠性测试等。

4.2.2.1　负载测试

负载测试是模拟实际软件系统所承受的负载条件的系统负荷,通过不断加载(如逐渐增加模拟用户的数量)或其他加载方式来观察不同负载下系统的响应时间和数据吞吐量、系统占用的资源(如CPU、内存)等,以检验系统的行为和特性,以发现系统可能存在的性能瓶颈、内存泄漏、不能实时同步等问题。负载测试更多地体现了一种方法或一种技术。对于Web应用来讲,负载则是并发用户或者HTTP连接的数量。

负载测试具有以下特点:

①负载测试的主要目的是找到系统处理能力的极限。

②负载测试需要在已知的测试环境下进行,通常也需要考虑被测试系统的业务压力

量和典型场景,使得测试结果具有业务上的实际意义。

③负载测试一般用来了解系统的性能容量,或是配合性能调优来使用。

负载测试是一种常用的性能测试方法,其主要意义是从多个不同的角度去探测和分析系统的性能变化情况。

4.2.2.2　压力测试

压力测试可以理解为资源的极限测试,一般是在强负载(大数据量、大量并发用户等)下的测试,查看应用系统在峰值使用情况下的操作行为,从而有效地发现系统的某项功能隐患、系统是否具有良好的容错能力和可恢复能力。压力测试分为高负载下的长时间(如 24h 以上)的稳定性压力测试和极限负载情况下导致系统崩溃的破坏性压力测试。

压力测试可以被看作负载测试的一种,即高负载下的负载测试,或者说压力测试采用负载测试技术。通过压力测试,可以更快地发现内存泄漏问题,还可以更快地发现影响系统稳定性的问题。例如,在正常负载情况下,某些功能不能正常使用或系统出错的概率比较低,可能一个月只出现一次,但在高负载(压力测试)下,可能一天就会出现一次,从而发现有缺陷的功能或其他系统问题。通过负载测试,可以证明这一点,某个电子商务网站的订单提交功能,在 50 个并发用户时错误率是零,在 200 个并发用户时错误率是 1%,而在 500 个并发用户时错误率是 20%。

压力测试具有以下特点:

①压力测试的主要目的是检查系统处于压力性能下时软件应用的具体表现。

②压力测试一般通过模拟负载测试等方法,使得系统的资源使用达到较高的水平。

③压力测试一般用于测试系统的稳定性。

通过压力测试,发现系统在极限或者恶劣环境中的自我保护能力,它是判断系统的稳定性和可靠性的重要手段。

4.2.2.3　并发测试

性能并发测试通过模拟用户并发访问,测试多用户并发访问同一个软件、同一个模块或数据记录时是否存在死锁或者其他的性能问题。其除了获得性能指标,更重要的是为了发现并发引起的问题。几乎所有的性能测试都会涉及一些并发测试。

并发测试的特点如下:

①并发测试的主要目的是发现系统中可能隐藏并发访问时的问题。

②并发测试主要关注系统可能存在的并发问题,如系统中的内存泄漏、线程锁和资源并用方面的问题。

③并发测试可以在开发的各个阶段使用,需要相关的测试工具的配合和支持。

因为并发测试对时间的要求比较苛刻,通常并发用户的模拟都是借助工具,采用多线程或者多进程方式来模拟多个虚拟用户的并发性操作。如性能测试工具 LoadRunner 集合点的设置,就是用来模拟并发的。

4.2.2.4　容量测试

容量测试是为了检测在达到一定响应时间或吞吐量的前提下,被测应用能够支持的并发用户数。容量测试将模拟更加接近真实用户的使用环境,并用更真实的用户负载来

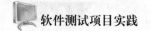

进行测试。其目标是确定被测应用在一定测试环境下能够达到的最大处理能力。

容量测试的目的是通过测试预先分析出反映软件系统应用特征的某项指标的极限值(如最大并发用户数、数据库记录数等),系统在其极限值状态下没有出现任何软件故障或还能保持主要功能正常运行。容量测试还将确定测试对象在给定时间内能够持续处理的最大负载或工作量。对软件容量的测试,能让软件开发商或用户了解该软件系统的承载能力或提供服务的能力,如某个电子商务网站所能承受的同时进行交易或结算的在线用户数。知道了系统的实际容量,如果不能满足设计要求,就应该寻求新的技术解决方案,以提高系统的容量。有了对软件负载的准确预测,不仅可以对软件系统在实际使用中的性能状况充满信心,还可以帮助用户经济地规划应用系统,优化系统的部署。

4.2.2.5 配置测试

配置测试是指在测试前、测试中和测试后三个时间段,通过对被测系统的软、硬件环境的调整,了解各种不同方法对软件系统的性能影响的程度,从而找到系统各项资源的最优分配原则。

配置测试的特点如下:

①配置测试的主要目的是了解各种不同因素对系统性能影响的程度,从而判断出最值得进行的调优操作。

②配置测试一般在对系统性能状况有初步了解后才进行。

③配置测试一般用于性能调优和软件处理能力的规划。

配置测试主要用于性能调优。在经过测试获得了基准测试数据后,进行环境调整(包括硬件配置、网络、操作系统、数据库、应用服务器等),再将测试结果和基准数据进行对比,判断调整是否达到了最佳状态。配置测试关注点是"微调",通过对软、硬件的不断调整,找出软件系统的最佳状态,使软件系统达到一个最稳定的状态。

4.2.2.6 可靠性测试

可靠性测试是通过给系统加载一定业务压力(如 CPU 资源在 90% 左右的使用率)的情况下,使系统运行一段时间,检查系统在这种条件下是否能稳定运行。

可靠性测试的特点如下:

①可靠性测试的主要目的是验证软件系统是否支持长期、稳定的运行。

②可靠性测试需要在压力下持续一段时间(如 $7 \times 24h$)的运行。

③可靠性测试过程中需要关注系统的运行状况。

可靠性测试和压力测试的区别在于:可靠性测试的关注点是"稳定",不需要给系统太大的压力,只要系统能够长期处于一个稳定的状态即可,而压力测试关注的是过载压力。

4.2.3 性能测试指标

性能测试指标是评价 Web 应用性能的尺度和依据,典型的性能测试指标有响应时间、吞吐量、并发用户数、资源利用率等。

4.2.3.1 响应时间

响应时间是指用户从客户端发起一个请求开始,到客户端得到服务器响应的整个过程时间。通常以秒(s)或者毫秒(ms)作为单位。在进行性能测试时,响应时间是考查的一个重要指标。这个指标与人对软件性能的主观感受是一致的,因为它完整地记录了整个计算机系统处理请求的时间。对用户而言,当用户单击一个按钮,发出一条指令或在Web页面上单击一个链接,从用户单击开始到应用系统将操作结果以用户能够察觉的方式展示出来,这个过程所消耗的时间就是用户对软件性能最直观的印象。

在互联网上对于用户响应时间,有一个普遍的标准——2/5/10 秒原则。也就是说,在 2s 之内响应用户被认为是"非常有吸引力"的用户体验,在 5s 之内响应用户被认为是"比较不错"的用户体验,在 10s 内响应用户被认为是"糟糕"的用户体验。如果超过 10s 还没有得到响应,那么大多用户会认为这次请求是失败的。

由于一个系统通常会提供许多功能,而不同功能的处理逻辑也千差万别,因而不同功能的响应时间也不尽相同,甚至同一功能在不同输入数据的情况下响应时间也不相同。所以,在讨论一个系统的响应时间时,人们通常是指该系统所有功能的平均时间或者所有功能的最大响应时间。

4.2.3.2　吞吐量

吞吐量是指在某个特定的时间单位内系统所处理的用户请求数量,它直接体现软件系统处理请求的能力,这是目前最常用的性能测试指标。

一般来说,在对 Web 系统进行性能测试的过程中,吞吐量主要用请求数/秒或页面数/秒来衡量;从业务的角度,吞吐量也可以用访问人数/天或处理的业务数/小时等单位来衡量。当然,从网络的角度来说,也可以用字节数/天来考查网络流量。

吞吐量指标可以在两个方面发挥作用。

①用于协助设计性能测试场景,以及衡量性能测试场景是否达到了预期的设计目标。在设计性能测试场景时,吞吐量可被用于协助设计性能测试场景,根据估算的吞吐量数据,可以对应到测试场景的事务发生频率、事务发生次数等。另外,在测试完成后,根据实际的吞吐量可以衡量测试是否达到了预期的目标。

②用于协助分析性能瓶颈。吞吐量的限制是性能瓶颈的一种重要表现形式,因此,有针对性地对吞吐量设计测试,有助于尽快定位性能瓶颈。

以不同方式表达的吞吐量可以说明不同层次的问题。例如,以字节数/秒方式表示的吞吐量主要受网络基础设施、服务器架构、应用服务器制约;以单击数/秒方式表示的吞吐量主要受应用服务器和应用代码的制约。

作为性能测试时的主要关注指标,吞吐量和并发用户数之间存在一定的联系。但在不同并发用户数量的情况下,对同一个系统施加相同的吞吐量压力,很可能会得到不同的测试结果。

4.2.3.3　并发用户数

并发用户数是指在某一给定时间内,系统可以同时承载的正常使用系统功能的用户的数量。与吞吐量相比,并发用户数是一个更直观但也更笼统的性能指标。

并发有两种情况,一种是严格意义上的并发,即所有的用户在同一时刻做同一件事或操作,这种操作一般指做同一类型的业务。比如,所有用户同一时刻做并发登录,同一

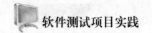

时刻做表单提交。另外一种并发是广义范围的并发,这种并发与前一种并发的区别是,虽然多个用户对系统发出了请求或者进行了操作,但是这些请求或操作可以是相同的,也可以是不同的。比如,在同一时刻有用户在登录,有用户在提交表单。

实际上,并发用户数是一个非常不准确的指标,因为用户不同的使用模式会导致不同用户在单位时间发出不同数量的请求。在性能测试工具中一般称为虚拟用户(Virtual User)。并发用户与注册用户、在线用户有很大差别,并发用户一定会对服务器产生压力,在线用户只是"挂"在系统上对服务器不产生压力,注册用户一般指的是数据库中存在的用户。

某些网站系统只有注册用户才能登录使用各种功能,如上传图片、阅读文章等。该系统有 10 万个注册用户,这就是说有 10 万个用户可以使用这个网站的所有功能,10 万就是这个网站的"系统用户数"。网站有一个在线统计功能,从统计数据中可以看到,同时登录网站的人数的最高纪录是 2 万,就是有 2 万人同时用浏览器打开这个网站,2 万就是"同时在线人数"。那么系统的并发用户数是多少呢?是 2 万吗?不是!这 2 万只表示在系统最高峰时有这么多用户登录了网站,并不表示服务器的实际承受压力。因为服务器承受压力还与具体的用户访问模式相关,那么,该系统的服务端承受的最大并发访问数是多少呢?这个取决于业务并发用户数和业务场景,一般可以通过服务器日志的分析得到。

4.2.3.4 资源利用率

资源利用率是指系统不同资源的使用程度,如服务器的 CPU 利用率、内存、磁盘利用率等,通常用占有资源的最大可用量的百分比来衡量。资源利用率是分析系统性能指标进而改善性能的主要依据,是 Web 性能测试工作的重点。

资源利用率主要针对 Web 服务器、操作系统、数据库服务器、网络等,是测试和分析瓶颈的主要参考。在 Web 性能测试中,根据需要采集相应的参数进行分析。

4.2.3.5 点击率

点击率是指客户端每秒向 Web 服务器提交的 HTTP 请求数量,这个指标是 Web 应用特有的一个指标。

Web 应用是"请求-响应"模式,用户发出一次申请,服务器就要处理一次,所以点击是 Web 应用能够处理的交易的最小单位。如果把每次点击定义为一个交易,点击率和 TPS(transaction per second,单位时间内处理事务的数量)就是一个概念。可以看出,点击率越大,对服务器的压力越大。点击率只是一个性能参考指标,重要的是分析点击时产生的影响。需要注意的是,这里的点击并非指鼠标的一次单击操作,因为在一次单击操作中,客户端可能向服务器发出多个 HTTP 请求。

4.2.3.6 思考时间

思考时间也称为休眠时间,从业务的角度来说,该时间指的是用户在进行操作时每个请求的间隔时间。前面已经讨论过,对交互式应用来说,用户在使用系统时,不大可能持续不断地发出请求,更一般的模式应该是用户在发出一个请求后,等待一段时间,再发出下一个请求。

因此,从自动化测试实现的角度来说,要真实地模拟用户操作,就必须在测试脚本中让各个操作之间等待一段时间。体现在脚本中,具体而言,就是在操作之间放置一个Think 的函数,使得脚本在执行两个操作之间等待一段时间。

在测试脚本中,思考时间体现为脚本中两个请求语句的间隔时间。不同的测试工具提供了不同的函数或方法来实现思考时间。

4.2.4 性能测试工具

性能测试一般以自动化测试为主,人工方式为辅。利用性能测试工具通过模拟大量用户操作,对系统施加负载,考查系统响应时间、吞吐量、CPU 负载、内存使用等性能指标,分析系统的性能,并为性能调优提供帮助。

性能测试工具通常指用来支持压力、负载测试,能够录制和生成脚本、设置和部署场景、产生并发用户和向系统施加持续压力的工具。

目前市场上的性能测试工具较多,主流的性能测试工具有:HP 公司的 LoadRunner、Apache 公司的 JMeter、IBM 公司的 Rational Performance Tester、RadView 公司的WebLOAD、Compuware 公司的 QALoad、Borland 公司的 SilkPerformer 等。这类都为负载性能测试工具,其原理都相同。首先是录制脚本,性能测试工具通过协议来获取客户向服务器端发送的内容;接着回放脚本,即将录制好的内容进行回放,来模拟多用户同时向被测试系统发送请求,以达到并发测试的目的;最后性能测试工具将收集到的测试数据保存到数据库中,通过分析器生成相关的视图达到性能测试的目的。

下面对几款主流性能测试工具进行简单的介绍。

4.2.4.1 LoadRunner

LoadRunner 是一种预测系统行为和性能的负载测试工具,通过模拟实际用户的操作行为进行实时性能监测,来帮助测试人员更快地查找和发现问题。LoadRunner 适用于各种体系架构,能支持广泛的协议和技术,为测试提供特殊的解决方案。企业通过LoadRunner 能最大限度地缩短测试时间,优化性能并加速应用系统的发布周期。Load-Runner 的使用可以参考 LoadRunner 用户使用指南。

4.2.4.2 JMeter

JMeter 作为一款常用的开源的纯 Java 的桌面应用程序,主要用于压力测试和性能测量。JMeter 可以用于测试静态和动态资源,例如静态文件、Java 小服务程序、CGI 脚本、Java 对象、数据库、FTP 服务器,等等,还能对服务器、网络或对象模拟巨大的负载,通过不同压力类别测试它们的强度和分析整体性能。另外,JMeter 能够对应用程序做功能/回归测试,通过创建带有断言的脚本来验证你的程序是否返回了你期望的结果。为了最大限度的灵活性,JMeter 允许使用正则表达式创建断言。

4.2.4.3 Rational Performance Tester

Rational Performance Tester 是 IBM 公司基于 eclipse 平台和开源的测试及监控框架 Hyades 开发出来的最新性能测试工具,用于自动化对 Web、企业资源配置(ERP)和基于服务器的软件应用程序的负载和性能测试。它拥有无须编程、强大的分析工具、实时

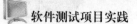

报告、负载测试、云测试等功能特点。Rational Performance Tester 是通过模拟并发用户的数量来进行测试,验证 Web 和服务器应用程序的可扩展性,识别系统性能瓶颈的存在和原因,并减少负载测试。

4.2.4.4 WebLOAD

WebLOAD 是来自 Radview 公司的负载测试工具,它可被用来测试系统性能和弹性,也可被用于正确性验证(验证返回结果的正确性)。其测试脚本是用 Javascript(和集成的 COM/Java 对象)编写的,并支持多种协议,如 Web(包括 AJAX 在内的 REST/HTTP)、SOAP/XML 及其他可从脚本调用的协议,如 FTP、SMTP 等,因而可从所有层面对应用程序进行测试。

4.2.4.5 QALoad

QALoad 是客户/服务器系统、企业资源配置和电子商务应用的自动化负载测试工具。QALoad 是 QACenter 性能版的一部分,它通过可重复、真实的测试能够彻底地度量应用的可扩展性和性能。QACenter 汇集完整的跨企业的自动测试产品,专为提高软件质量而设计。QACenter 可以在整个开发生命周期跨越多种平台自动执行测试任务。

4.2.4.6 SilkPerformer

SilkPerformer 是业界领先的应用性能测试解决方案,它支持目前业界主流应用平台,通过成千上万的虚拟用户来模拟生产环境可能遇到的各种真实负载场景,帮助用户快速定位可能存在的性能瓶颈,同时提供诊断、分析功能帮助开发、测试团队快速修复应用性能问题,为应用发布决策提供有力的信息支撑,加速产品发布。

4.3 任务实施

4.3.1 任务流程

典型的性能测试的执行流程一般如图 4-1 所示。

图 4-1 性能测试执行流程

具体执行过程中,LoadRunner 和 JMeter 流程略有不同。

4.3.2 任务步骤

4.3.2.1 性能需求分析确认

本系统应用于互联网环境,并要满足以下性能需求:

①系统登录平均响应时间不超过 3s;

②系统支持 5 个用户并发执行"教师管理/查询"操作,平均响应时间 5s 内;

③系统支持 5 个用户并发执行"学生学籍管理/添加"操作；

④系统支持 20 个用户在线访问。

4.3.2.2　性能测试计划

性能测试计划有两种呈现方式，一种是撰写独立的性能测试计划，另一种是作为系统测试计划的附属，无须单独成文。

独立的性能测试计划一般包含以下内容：

(1)编写目的

验证软件系统是否能够达到用户提出的性能指标，核实性能需求是否都已满足。同时发现软件系统中存在的性能瓶颈及问题，找到软件的可扩展性，优化软件，达到完善系统的目的。

(2)项目背景

简要介绍项目名称、开发背景和开发情况，以及需要完成的各项功能。

(3)测试方法

采用何种方法测试，如选择何种测试工具。

(4)参考资料

①需求说明及相关文档；

②相关涉及说明；

③与开发组交流对需求理解的记录。

(5)运行环境

描述当前系统所需要的硬件环境、软件环境及相关配置要求。

(6)测试内容

根据用户需求，对被测系统进行分析得到的性能测试内容范围。

(7)角色安排

相关人员角色分工情况。

(8)进度安排

描述测试任务及周期安排。

(9)性能测试结果

性能测试结果包括性能测试统计结果、性能测试报告等内容。

大多数公司会采用第二种方式，将性能测试计划作为系统测试计划的一部分，而不是单独撰写。本部分性能测试计划请参考第 3 章。

4.3.2.3　性能测试用例

根据需求分析，设计测试用例，如表 4-1 所示。

表4-1

性能测试用例表

软件名称	学生信息管理系统		项目编号	
检测人员			审核人员	
测试时间			测试地址	

测试用例

用例编号	子系统	模块	功能点	测试说明	用例描述	测试步骤	测试数据	预期结果	执行人	测试时间	测试状态
YL1	登录	登录	登录	正向用例	验证单个用户登录系统响应时间是否不超过3s	1. 使用 LoadRunner 和 JMeter 启动系统登录脚本；2. 使用一台负载生成器，模拟单个虚拟用户执行登录操作，脚本持续执行300s。以线程方式执行，执行期间 Think Time 为0；3. 验证系统单个用户登录操作平均响应时间是否不超过3s	教师账号：2000700106 密码：123	单个用户登录系统响应时间不超过3s			
YL2		教师管理	查询	正向用例	验证系统5个并发用户执行教师管理/查询操作时响应时间是否不超过5s	1. 使用 LoadRunner 和 JMeter 启动系统教师管理/查询脚本；2. 使用一台负载生成器，模拟5个并发用户发送查询操作，脚本持续执行300s。以线程方式执行，执行期间 Think Time 为1；3. 验证系统5个用户并发查询操作响应时间是否不超过5s	查询姓名：朱丹	5个用户并发查询响应时间不超过5s			

续表

用例编号	子系统	模块	功能点	测试说明	用例描述	测试步骤	测试数据	预期结果	执行人	测试时间	测试状态
YL3		学生学籍管理	添加	正向用例	验证系统5个并发用户执行学生学籍管理/添加操作响应时间是否不超过5s	1. 使用LoadRunner和JMeter启动学生学籍管理/添加脚本；2. 使用一台负载生成器，模拟5个并发虚拟用户执行添加操作，脚本持续执行，执行期间Think Time为1；3. 验证系统5个并发用户执行添加操作响应时间是否不超过5s	学号：190230055 姓名：test1 密码：123 性别：男 出生日期：1991-1-1 班级序号：190201	测试过程中无明显异常情况发生，系统支持5个用户并发添加学生学籍信息操作			
YL4		教师管理	查询	正向用例	验证系统20个用户在线访问	1. 使用LoadRunner和JMeter启动系统教师管理/查询脚本；2. 使用一台负载生成器，模拟20个虚拟用户执行查询操作，系统执行查询操作，脚本持续执行180s，以线程方式执行，执行期间Think Time为1；3. 验证系统是否支持20个用户在线访问	查询姓名：朱丹	测试运行情况系统运行无明显异常情况发生，无用户掉线情况			

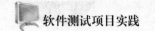

4.3.2.4 执行性能测试

接下来通过使用两种通用的性能测试工具(LoadRunner 和 JMeter)执行性能测试。下面使用 LoadRunner 性能测试工具,执行学生信息管理系统 Web 性能测试。

1. LoadRunner 功能模块及常用术语

(1)LoadRunner 功能模块

LoadRunner 提供了三大主要功能模块,既可以作为独立的工具完成各自的功能,又可以作为 LoadRunner 的一部分彼此衔接,与其他模块共同完成软件性能的整体测试,这三大模块分别是:

①VuGen——虚拟用户生成器,用于创建 Vuser 脚本。可以使用 VuGen 通过录制用户执行的典型业务流程来开发 Vuser 脚本。使用此脚本可以模拟实际情况,作为负载测试的基础。

②Controller——设计和运行场景,主要功能是在所录制的脚本基础上,增加虚拟用户,设置环境来测试系统在不同的虚拟压力环境下的处理能力。可以从单一控制点轻松、有效地控制所有 Vuser,并在测试执行期间监控场景性能。Controller 有两个视图:设计(Design)视图和运行(Run)视图。

③Analysis——性能测试结果分析,它是 HP 公司提供的用于收集和提供负载测试数据的工具。在 HP LoadRunner Controller 或 HP Performance Center 内运行负载测试场景后可以使用 Analysis。Analysis 图可以帮助确定系统性能并提供有关事务及 Vuser 的信息。通过 Analysis 工具提供的图和报告,可以查看和了解数据并在测试运行后分析系统性能。

(2)LoadRunner 常用术语

使用 LoadRunner 工具执行性能测试,一般常用术语有:

①场景(Scenario)。测试场景,在 LoadRunner 的 Controller 部件中,可以设计与执行用例的场景,设置场景的步骤主要包括:在 Controller 中选择虚拟用户脚本、设置虚拟用户数量、配置虚拟用户运行时的行为、选择负载发生器(Load Generator)、设置执行时间等。

②负载发生器(Load Generator)。用来产生压力的机器,受 Controller 控制,可以使用户脚本在不同的主机上执行。在性能测试工作中,通常由一个 Controller 控制多个 Load Generator,以对被测试系统进行加压。

③虚拟用户(Virtual User/Vuser)。对应现实中的真实用户,使用 LoadRunner 模拟的用户称为虚拟用户。性能测试模拟多个用户操作可以理解为这些虚拟用户在跑脚本,以模拟多个真正用户的行为。

④虚拟用户脚本(Vuser script)。通过 Vuser Generator 录制或开发的脚本来模拟用户的行为。

⑤事务(Transaction)。测试人员可以将一个或多个操作步骤定义为一个事务,可以通俗地把事务理解为"人为定义的一系列请求(请求可以是一个或者多个)"。在程序上,事务表现为被开始标记和结束标记圈定的一段代码区块。LoadRunner 根据事务的开头

和结尾标记,计算事务响应时间、成功/失败的事务数。

⑥思考时间(Think Time)。请求间的停顿时间。实际中,用户在进行一个操作后往往会停顿然后进行下一个操作,为了更真实地模拟这种用户行为而引进该概念。在虚拟用户脚本中用函数 lr_think_time()来模拟用户处理过程,执行该函数时用户线程会按照相应的 time 值进行等待。

⑦集合点(Rendezvous)。设集合点是为了更好地模拟并发操作。设了集合点后,运行过程中用户可以在集合点等待到一定条件后再一起发后续的请求。集合点在虚拟用户脚本中对应函数 lr_rendezvous()。

⑧事务响应时间。事务响应时间是一个统计量,是评价系统性能的重要参数。定义好事务后,在场景执行过程和测试结果分析中即可看到对应事务的响应时间。通过对关键或核心事务的执行情况进行分析,以定位是否存在性能问题。

2. LoadRunner 测试流程

使用 LoadRunner 执行性能测试,基本流程一般包含规划性能测试、创建并调试 Vuser 脚本、定义场景、运行场景、分析结果五个阶段。

①规划性能测试:确定性能测试要求,如并发用户数量、典型业务场景流程;制订完整的测试计划;设计用例;明确测试任务。

②创建并调试 Vuser 脚本:使用 VuGen 录制、编辑和完善测试脚本。

③定义场景:使用 Controller 设置测试场景。

④运行场景:使用 Controller 驱动、管理并监控场景的运行。

⑤分析结果:使用 Analysis 生成报告和图表,并评估性能。

3. 性能测试环境确认

在使用 LoadRunner 进行性能测试前,需要确认测试环境,包括系统运行环境及网络环境。只有在测试环境正常的情况下,才能顺利、高效地完成性能测试任务。

4. LoadRunner 执行性能测试

(1)需求 1:系统登录平均响应时间不超过 3s

①创建并调试测试脚本(VuGen 创建虚拟用户)。

打开 VuGen 的方法可以双击桌面快捷方式"Virtual User Generator",也可以通过"开始"菜单下的"HP Software→Virtual User Generator"打开。如图 4-2 所示。

在 LoadRunner"File"菜单下选择"New Script and Solution"打开创建脚本页面,如图 4-3 所示,选择 Web-HTTP/HTML 协议,输入脚本名称"Login",选择脚本存放路径(脚本存放路径可根据实际情况需要自行设定),点击"Create"创建脚本。

默认创建的脚本为空,点击"开始录制"。如图 4-4 所示。

输入学生信息管理系统访问地址:http://localhost/stu_project1/Login. php。点击"Start Recording",开始录制脚本。如图 4-5 所示。

录制脚本时会启动浏览器并打开学生信息管理系统,同时会出现录制工具栏,如图 4-6 所示。在学生信息管理系统登录页面输入用户名和密码,选择任课教师,点击"登录"。

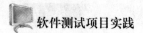

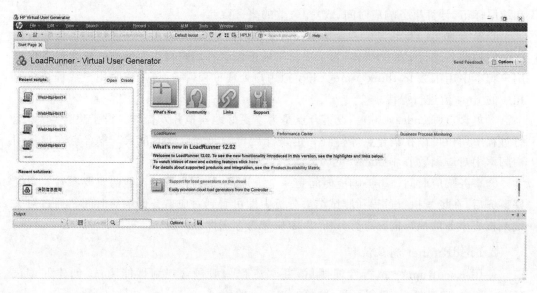

图 4-2　VuGen 主页

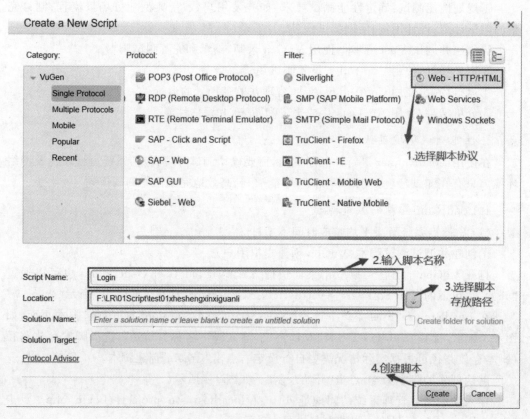

图 4-3　VuGen 创建新脚本页面

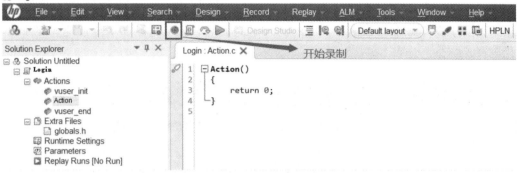

图 4-4　VuGen 开始录制按钮页面

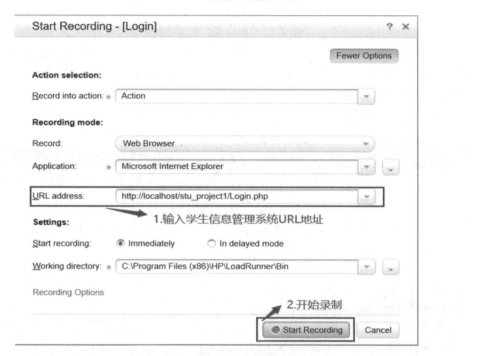

图 4-5　VuGen 开始录制脚本页面

图 4-6　VuGen 录制脚本过程页面

进入学生信息管理系统后,在录制工具栏中,将脚本中的操作"Action"调为"vuser_end",点击学生信息管理系统"退出"按钮,退出系统,此时在录制工具栏中点击"停止"按钮结束当前脚本录制。如图 4-7 所示。录制完成后,VuGen 将自动生成完整的脚本代码。

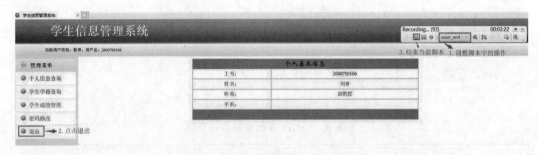

图 4-7　VuGen 录制脚本结束页面

【说明】　在 LoadRunner 录制脚本前,需确保 IE 浏览器为默认浏览器,本次使用的 IE 浏览器为 IE11。在录制过程中,尽量不要做多余的操作,以免录制多余的脚本。本次录制脚本过程中,未插入事务,需在脚本中手动插入事务。

录制完成后,在菜单栏选择"Replay"回放脚本。如图 4-8 所示。

图 4-8　VuGen 回放脚本按钮

回放完成后得到回放摘要,显示脚本状态。此时可以点击"The Test Results"和"The Replay Log"查看回放结果与日志。如图 4-9 所示。

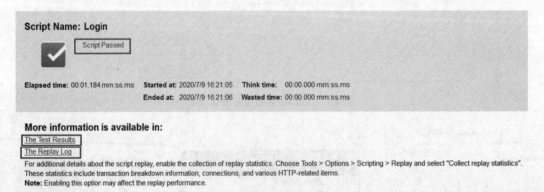

图 4-9　Login 回放摘要

②脚本执行(Controller 设计执行脚本)。

a.场景创建。

双击桌面快捷方式"Controller"或通过"开始"菜单下的"HP Software→Controller"打开场景设计页面,选择待运行的脚本,创建场景。如图 4-10 所示。

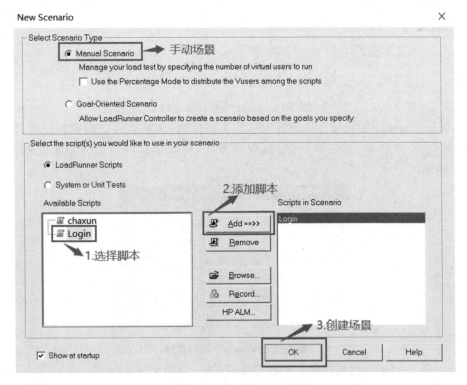

图 4-10　创建脚本运行场景

b. 场景设计。

Controller 中"Design"选项卡主要用于设计测试场景、模拟并发用户。

在 Global Schedule 中设计场景,包括 Initialize、Start Vusers、Duration 和 Stop Vusers,如图 4-11 所示,除 Initialize 外,其他的操作设置都会对"计划交互图"产生影响。

Global Schedule	
❇ ❇ ❇ ✦ ✦ 🗒	Total: 1 Vusers	
Action	Properties
Initialize	Initialize all Vusers simultaneously
Start V...	Start 1 Vusers simultaneously
Duration	Run for 00:05:00 (HH:MM:SS)
▷ Stop Vusers	Stop all Vusers simultaneously

图 4-11　Global Schedule 页面

【说明】　场景设计时,需根据情况设置 Think Time。本次场景设计 Think Time 为 0。

c. 场景运行。

Controller 中"Run"选项卡主要用于执行虚拟用户操作并监控相关指标,将最终的结果反馈到 Analysis 中。

在 Scenario Groups 区域,点击"Start Scenario",场景开始运行,在这里能够显示出当前 Vuser 所处状态,包括准备、初始化、运行、退出、停止等所有状态过程。如图 4-12 所示。

图 4-12　Scenario Groups 区域

Scenario Status 区域是当前场景运行的实时反馈,包括运行的虚拟用户数、运行时间、最后 60 秒点击率、通过事务数、失败事务数、错误信息以及服务虚拟化状态。如图 4-13 所示。

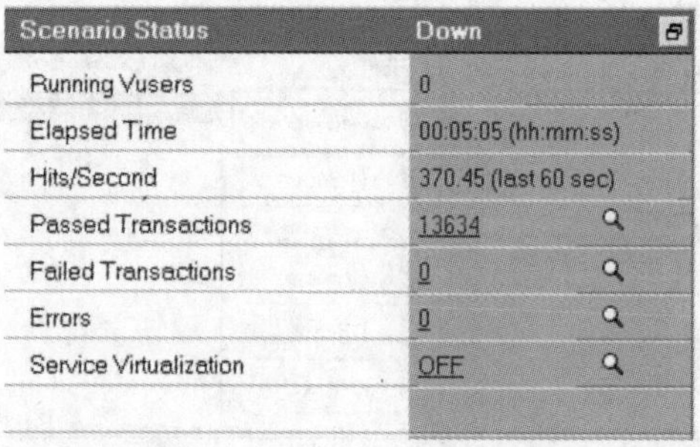

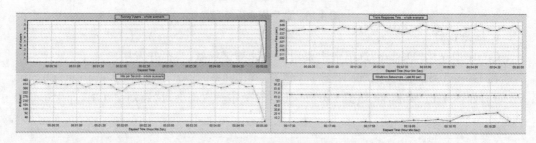

图 4-13　Scenario Status 区域

Available Graphs 区域提供了相应的监控指标,如图 4-14 所示。

图 4-14　Available Graphs 区域监控指标

③结果分析(Analysis 分析测试结果)。

场景运行结束后,在"Controller"选择"Results→Analyze Results"进入 Analysis 查看测试结果,可根据需要添加图标进行分析。如图 4-15 所示。

④报告编写。

a. 测试需求。

检测系统"登录"平均响应时间不超过 3s。

b. 测试策略。

使用 LoadRunner 检测该软件在单个用户执行"登录"操作情况下,"登录"操作的最短响应时间、平均响应时间、最长响应时间、事务总数、成功事务数、失败事务数、停止事务数、事务成功率等。

c. 测试方法。

(a)使用 1 台测试机模拟单个用户,采用静态加压方式,测试持续 300s;

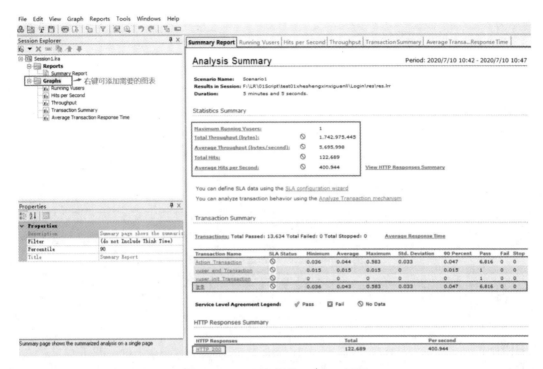

图 4-15 Login 场景的 Analysis 页面

（b）获取和分析产生的测试结果。

d.业务操作步骤。

（a）使用浏览器模拟的方法在 IE11 浏览器中输入访问地址 http://localhost/stu_project1/Login.php，进入系统登录界面；

（b）输入用户名和密码，登录系统，进入系统首页，待页面数据显示完毕。

＊计时说明：统计的平均响应时间为步骤（b）的系统平均响应时间。

e.测试结果如表 4-2、图 4-16～图 4-20 所示。

表 4-2 需求 1 测试结果数据统计表

测试项		用户数/个
		1
"登录"响应时间	最短响应时间/s	0.036
	平均响应时间/s	0.043
	最长响应时间/s	0.583
事务总数/个		6816
成功事务数/个		6816
失败事务数/个		0
停止事务数/个		0
事务成功率/%		100
CPU 平均占用率/%		42.8
内存平均占用率/%		31.6

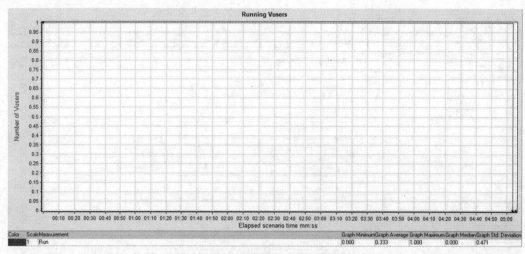

图 4-16　"登录"操作运行用户数图

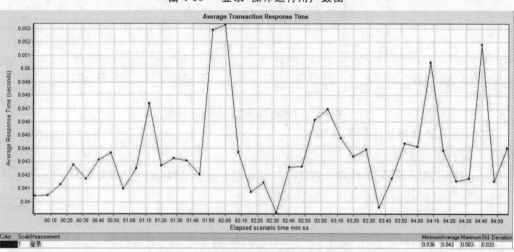

图 4-17　"登录"操作平均响应时间图

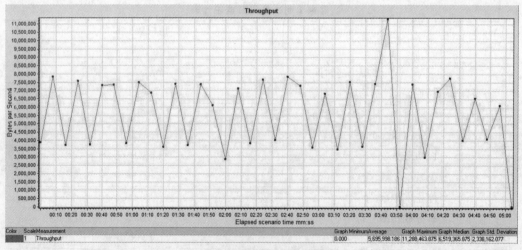

图 4-18　"登录"操作吞吐量图

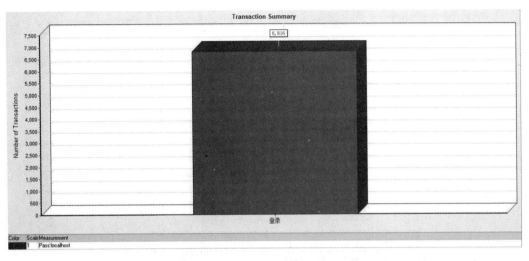

图 4-19　"登录"操作事务数图

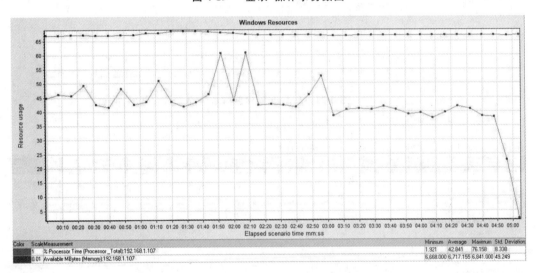

图 4-20　"登录"操作资源监控图

f.测试结论。

经检测,模拟单个用户执行"登录"操作时,页面最短响应时间为 0.036s,平均响应时间为 0.043s,最长响应时间为 0.583s;事务总数为 6816 个,成功事务数为 6816 个,失败事务数为 0 个,停止事务数为 0 个,事务成功率为 100%;CPU 平均占用率为 42.8%,内存平均占用率为31.6%。"登录"操作的平均响应时间不超过 3s,测试结果通过。

(2)需求 2:系统支持 5 个用户并发执行"教师管理/查询"操作,平均响应时间 5s 内

①创建并调试测试脚本。

a.脚本录制。

在 LoadRunner"File"菜单下选择"New Script and Solution"打开创建脚本页面,如图 4-21 所示,选择 Web-HTTP/HTML 协议,输入脚本名称查询,选择脚本存放路径,点击"Create"按钮创建脚本。

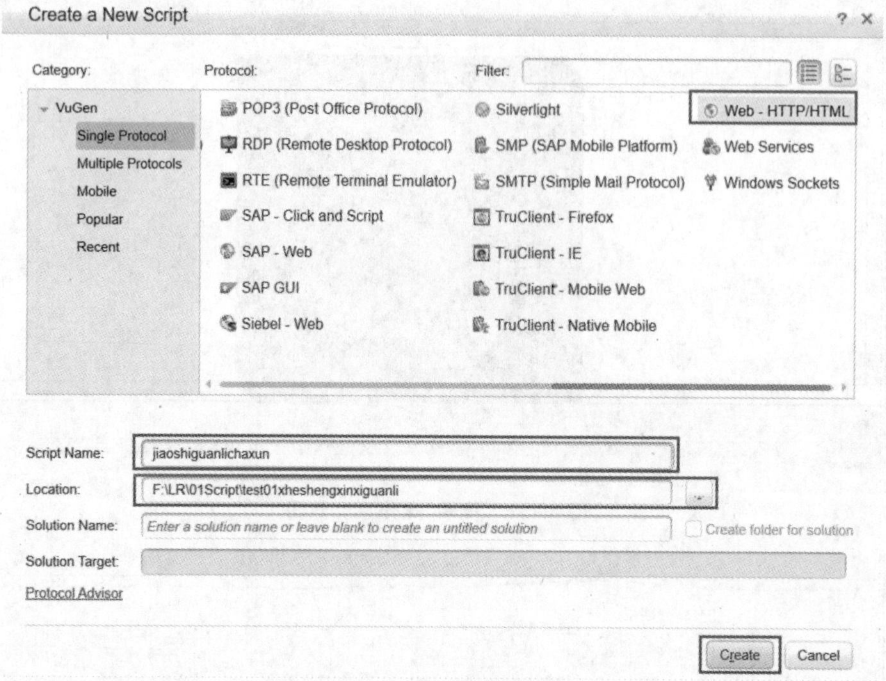

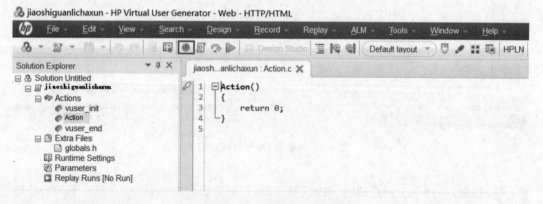

图 4-21　VuGen 创建新脚本页面

默认创建的脚本为空,点击"开始录制"。如图 4-22 所示。

图 4-22　VuGen 开始录制按钮页面

输入学生信息管理系统访问地址 http://localhost/stu_project1/Login.php,点击"Start Recording",开始录制脚本。如图 4-23 所示。

录制脚本时会启动浏览器并打开学生信息管理系统,同时会出现录制工具栏,在学生信息管理系统登录页面以管理员身份登录系统并进入教师管理页面,输入查询条件:朱丹。点击查询,操作结束后结束当前脚本录制。如图 4-24 所示。

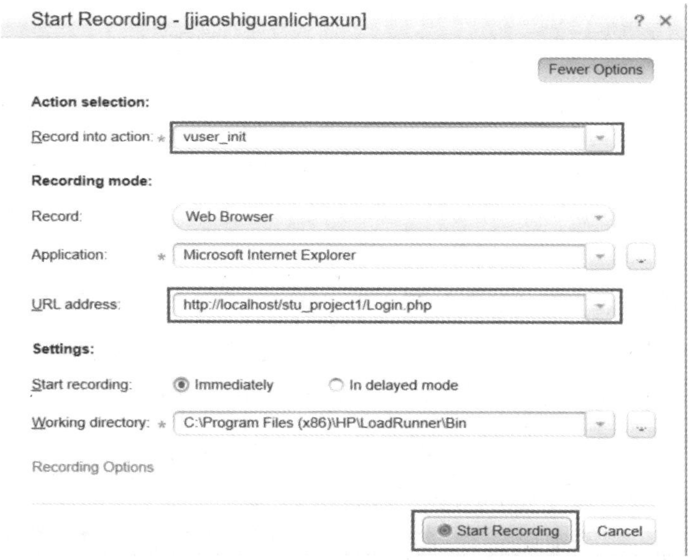

图 4-23　VuGen 开始录制脚本页面

图 4-24　VuGen 录制脚本过程页面

b. 脚本参数化和回放。

脚本录制结束后,需对脚本进行优化,根据该业务的实际情况,需要对查询条件进行参数化。找到脚本中查询条件对应的 Value 值,选中后单击鼠标右键,选择"Replace with Parameter→Create New Parameter",对参数命名并选择参数类型。

进入参数列表,设置参数的取值和参数的更新方式,如图 4-25 所示。

脚本参数化完成后,在菜单栏选择"Replay"回放脚本。回放完成后得到回放摘要,显示脚本状态。此时可以点击"The Test Results"和"The Replay Log"查看回放结果与日志。如图 4-26 所示。

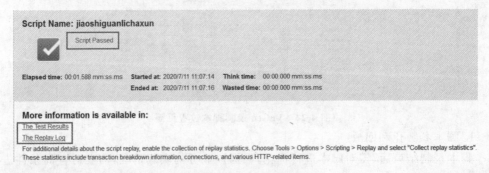

图 4-25　设置参数的取值和参数的更新方式

Script Name: jiaoshiguanlichaxun

Script Passed

Elapsed time: 00:01.588 mm:ss.ms　**Started at:** 2020/7/11 11:07:14　**Think time:** 00:00.000 mm:ss.ms
Ended at: 2020/7/11 11:07:16　**Wasted time:** 00:00.000 mm:ss.ms

More information is available in:
The Test Results
The Replay Log

For additional details about the script replay, enable the collection of replay statistics. Choose Tools > Options > Scripting > Replay and select "Collect replay statistics". These statistics include transaction breakdown information, connections, and various HTTP-related items.

图 4-26　Login 回放摘要

②脚本执行。

a. 场景创建。

通过"开始"菜单下的"HP Software→Controller"打开场景设计页面,选择待运行的脚本,创建场景。如图 4-27 所示。

b. 场景设计。

在 Global Schedule 页面中设计场景,包括 Initialize、Start Vusers、Duration 和 Stop Vusers,如图 4-28 所示。

设置脚本运行的 Think Time 为 1s,如图 4-29 所示。

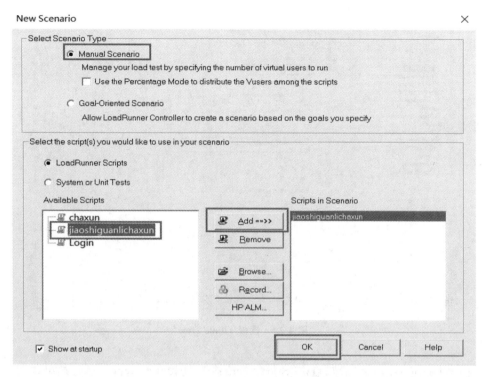

图 4-27　创建脚本运行场景

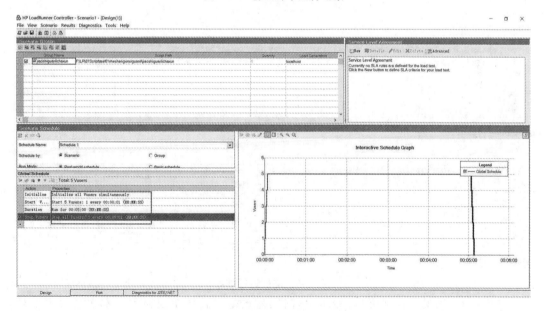

图 4-28　Global Schedule 页面

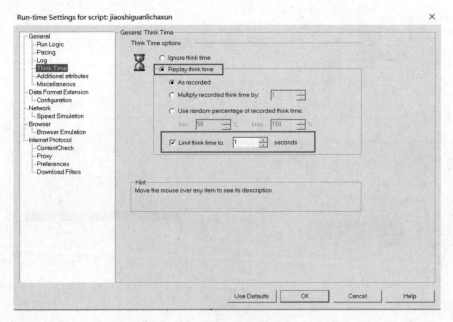

图 4-29　设置 Think Time

c. 场景运行。

在 Scenario Groups 区域,点击"Start Scenario",场景开始运行。运行结果如图 4-30 所示。

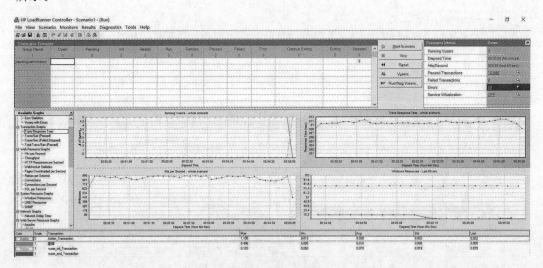

图 4-30　场景运行结果

【说明】　场景运行结束后,显示出现错误,点击可查看错误原因。本次错误提示是场景运行过程中 CPU 超过了 80%,未出现脚本运行错误。

③结果分析。

场景运行结束后,在"Controller"选择"Results→Analyze Results"进入 Analysis 页面查看测试结果。如图 4-31 所示。

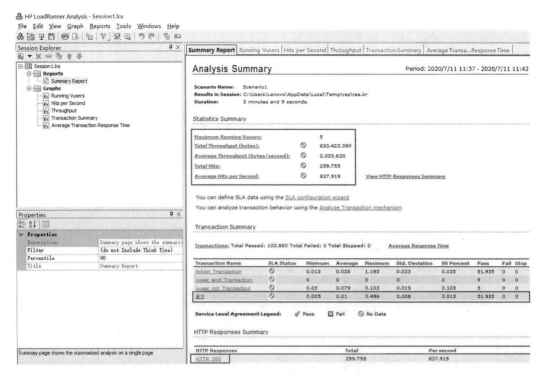

图 4-31　Login 场景的 Analysis 页面

④报告编写。

a. 测试需求。

检测系统是否支持 5 个用户并发执行"教师管理/查询"操作,平均响应时间是否在 5s 内。

b. 测试策略。

使用 LoadRunner 检测该软件在 5 个用户并发执行"登录"操作情况下,"登录"操作的最短响应时间、平均响应时间、最长响应时间、事务总数、成功事务数、失败事务数、停止事务数、事务成功率等。

c. 测试方法。

(a)使用 1 台测试机,模拟 5 个并发用户,采用静态加压方式,测试持续 300s;

(b)获取和分析产生的测试结果。

d. 业务操作步骤。

(a)使用浏览器模拟的方法在 IE11 浏览器中输入访问地址 http://localhost/stu_project1/Login. php,进入系统登录界面;

(b)输入用户名和密码,登录系统,进入教师管理页面;

(c)输入查询条件"姓名:朱丹",待页面数据显示完毕。

*计时说明:统计的平均响应时间为步骤(c)的系统平均响应时间。

e. 测试结果如表 4-3、图 4-32～图 4-36 所示。

表 4-3   需求 2 测试结果数据统计表

测试项		用户数/个
		5
"查询"响应时间	最短响应时间/s	0.005
	平均响应时间/s	0.010
	最长响应时间/s	0.496
事务总数/个		51935
成功事务数/个		51935
失败事务数/个		0
停止事务数/个		0
事务成功率/%		100
CPU 平均占用率/%		98.75
内存平均占用率/%		22.52

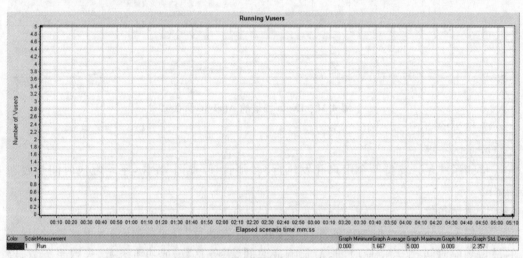

图 4-32 "查询"操作运行用户数图

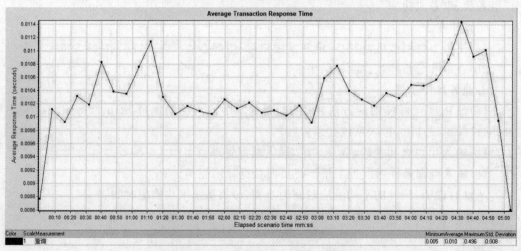

图 4-33 "查询"操作平均响应时间图

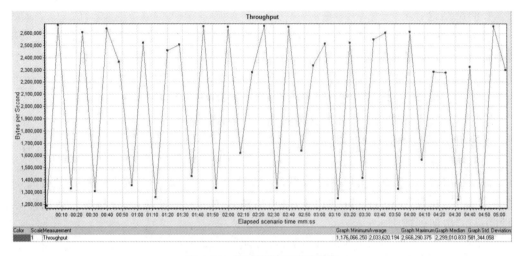

图 4-34 "查询"操作吞吐量图

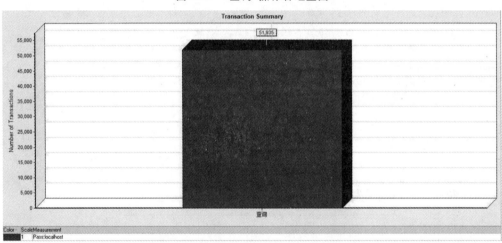

图 4-35 "查询"操作事务数图

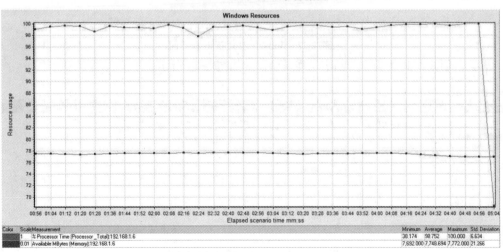

图 4-36 "查询"操作资源监控图

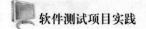

f.测试结论。

经检测,模拟 5 个并发用户执行"查询"操作时,页面最短响应时间为 0.005s,平均响应时间为 0.010s,最长响应时间为 0.496s;事务总数为 51935 个,成功事务数为 51935 个,失败事务数为 0 个,停止事务数为 0 个,事务成功率为 100%;CPU 平均占用率为 98.75%,内存平均占用率为 22.52%。"登录"操作的平均响应时间不超过 3s,测试结果通过。

(3)需求 3:系统支持 5 个用户并发执行"学生学籍管理/添加"操作

①创建并调试测试脚本。

a.脚本录制。

在 LoadRunner"File"菜单下选择"New Script and Solution"打开创建脚本页面,如图 4-37 所示,选择 Web-HTTP/HTML 协议,输入脚本名称查询,选择脚本存放路径,点击"Create"按钮创建脚本。

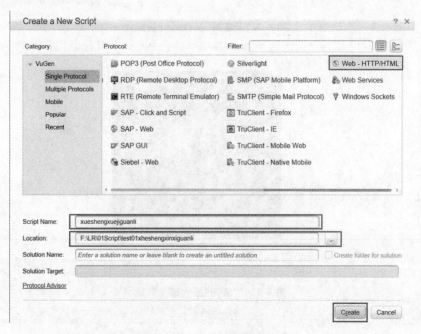

图 4-37　VuGen 创建新脚本页面

默认创建的脚本为空,点击"开始录制"。如图 4-38 所示。

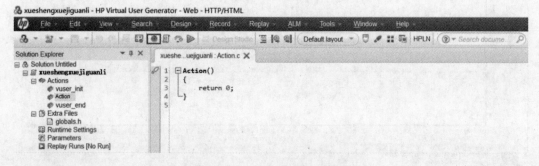

图 4-38　VuGen 开始录制按钮页面

输入学生信息管理系统访问地址 http://localhost/stu_project1/Login.php，点击"Start Recording"，开始录制脚本。如图 4-39 所示。

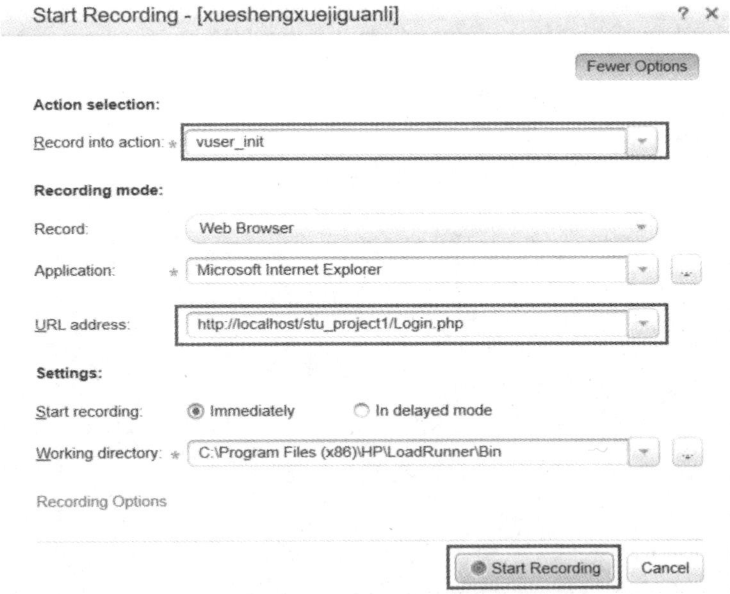

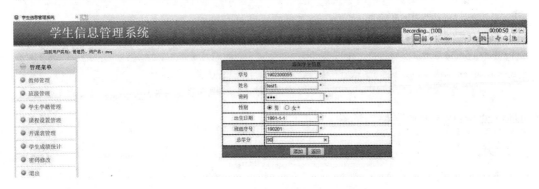

图 4-39　VuGen 开始录制脚本页面

录制脚本时会启动浏览器并打开学生信息管理系统，同时会出现录制工具栏，在学生信息管理系统登录页面以管理员身份登录系统并进入学生学籍管理页面，在添加页面输入必填项信息，点击"添加"按钮，操作结束后结束当前脚本录制。如图 4-40 所示。

图 4-40　VuGen 录制脚本过程页面

b. 脚本参数化、插入集合点和回放。

脚本录制结束后，需对脚本进行调试，根据该业务的实际情况，需要对添加的数据进行参数化。找到脚本中添加数据对应的 Value 值，选中后单击鼠标右键，选择"Replace with Parameter→Create New Parameter"，对参数命名并选择参数类型。

进入参数列表，设置参数的取值和参数的更新方式，如图 4-41 所示。

脚本参数化结束后，需根据并发用户数设置集合点，在"Design→Insert in Script"中选择"Rendezvous"，在脚本的合适位置插入集合点，完成后保存脚本。

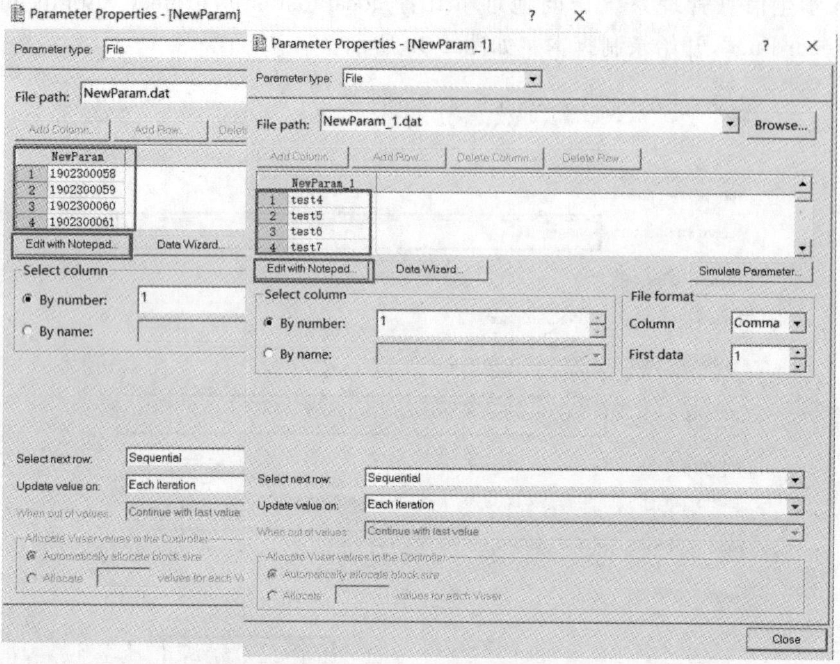

图 4-41　参数化图

脚本参数化完成后，在菜单栏选择"Replay"按钮回放脚本。回放完成后得到回放摘要，显示脚本状态。此时可以点击"The Test Results"和"The Replay Log"查看回放结果与日志。如图 4-42 所示。

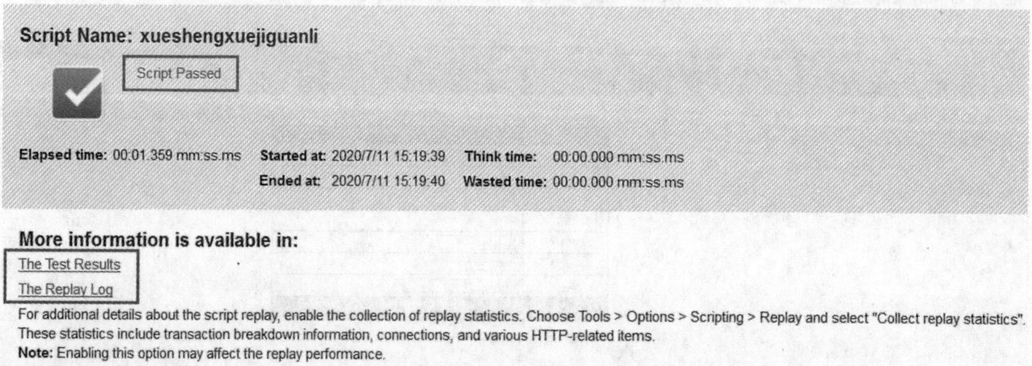

Script Name: xueshengxuejiguanli

Script Passed

Elapsed time: 00:01.359 mm:ss.ms　　Started at: 2020/7/11 15:19:39　Think time:　00:00.000 mm:ss.ms
　　　　　　　　　　　　　　　　　　Ended at:　2020/7/11 15:19:40　Wasted time: 00:00.000 mm:ss.ms

More information is available in:
The Test Results
The Replay Log

For additional details about the script replay, enable the collection of replay statistics. Choose Tools > Options > Scripting > Replay and select "Collect replay statistics".
These statistics include transaction breakdown information, connections, and various HTTP-related items.
Note: Enabling this option may affect the replay performance.

图 4-42　Login 回放摘要

②脚本执行。

a. 场景创建。

通过"开始"菜单下的"HP Software→Controller"打开场景设计页面，选择待运行的脚本，创建场景。如图 4-43 所示。

b. 场景设计。

在 Global Schedule 页面中设计场景，包括 Initialize、Start Vusers、Duration 和 Stop Vusers，如图 4-44 所示。

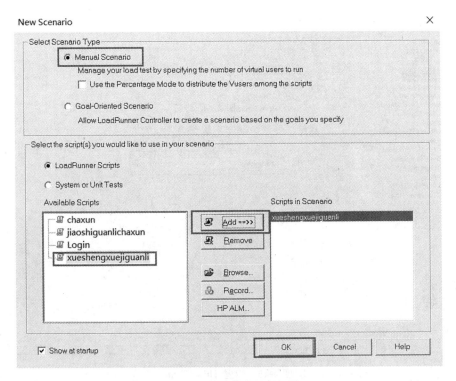

图 4-43   创建脚本运行场景

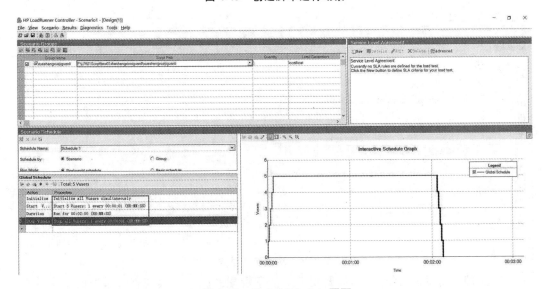

图 4-44   Global Schedule 页面

设置脚本运行的 Think Time 为 1s,如图 4-45 所示。

c.场景运行。

在 Scenario Groups 区域,点击"Start Scenario"按钮,场景开始运行。运行结果如图 4-46 所示。

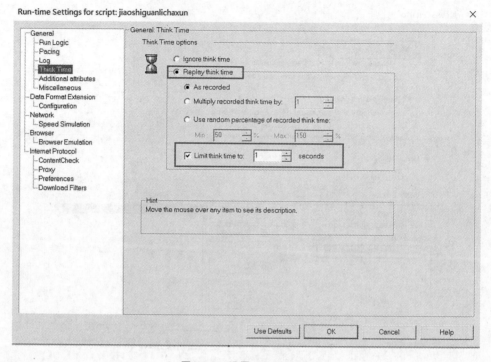

图 4-45 设置 Think Time

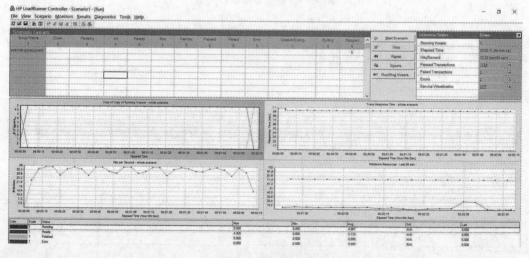

图 4-46 场景运行结果

【说明】 场景运行结束后,需要到学生信息管理系统相应模块查看添加的学生信息是否正确。

③结果分析。

场景运行结束后,在"Controller"选择"Results→Analyze Results"进入 Analysis 页面查看测试结果。如图 4-47 所示。

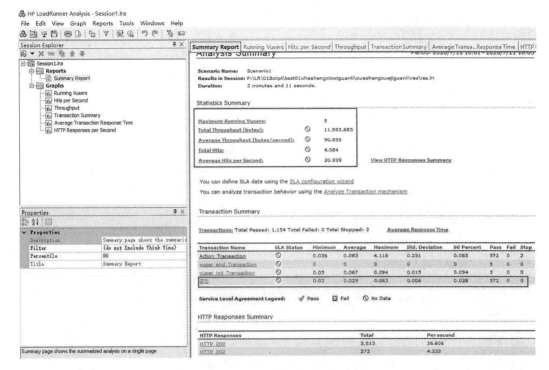

图 4-47　Login 场景的 Analysis 页面

④报告编写。

a. 测试需求。

检测系统是否支持 5 个用户并发执行"学生学籍管理/添加"操作。

b. 测试策略。

使用 LoadRunner 检测该软件在 5 个用户并发执行"登录"操作情况下,"登录"操作的最短响应时间、平均响应时间、最长响应时间、事务总数、成功事务数、失败事务数、停止事务数、事务成功率等。

c. 测试方法。

(a)使用 1 台测试机,模拟 5 个并发用户,采用静态加压方式,测试持续 120s;

(b)获取和分析产生的测试结果。

d. 业务操作步骤。

(a)使用浏览器模拟的方法在 IE11 浏览器中输入访问地址 http://localhost/stu_project1/Login. php,进入系统登录界面;

(b)输入用户名和密码,登录系统,进入学生学籍管理页面;

(c)在添加页面输入必填项信息,点击"添加"按钮,待页面数据显示完毕。

＊计时说明:统计的平均响应时间为步骤(c)的系统平均响应时间。

e. 测试结果,如表 4-4、图 4-48～图 4-52 所示。

表 4-4 需求 3 测试结果数据统计表

测试项		用户数/个
		5
"添加"响应时间	最短响应时间/s	0.020
	平均响应时间/s	0.029
	最长响应时间/s	0.063
事务总数/个		572
成功事务数/个		572
失败事务数/个		0
停止事务数/个		0
事务成功率/%		100
CPU 平均占用率/%		6.41
内存平均占用率/%		26.65

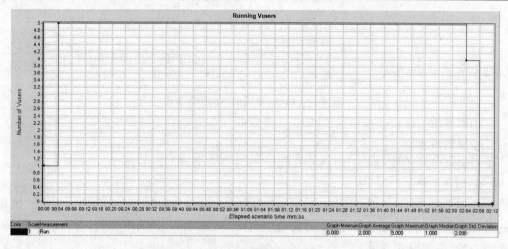

图 4-48 "添加"操作运行用户数图

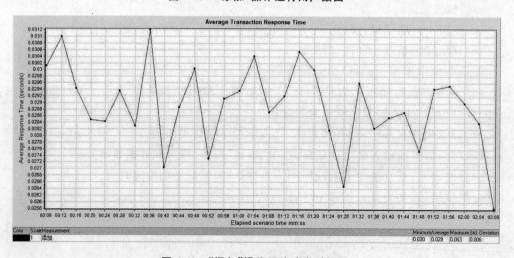

图 4-49 "添加"操作平均响应时间图

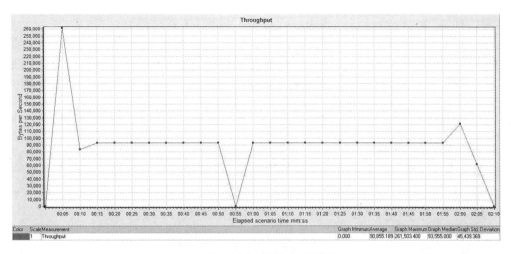

图 4-50　"添加"操作吞吐量图

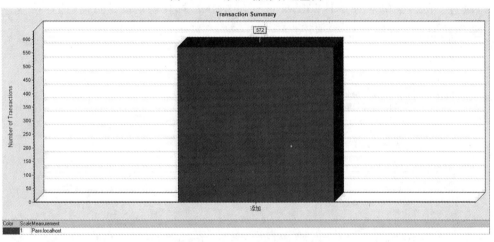

图 4-51　"添加"操作事务数图

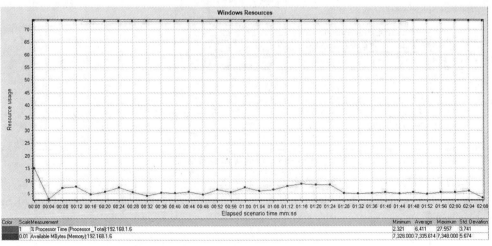

图 4-52　"添加"操作资源监控图

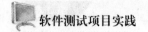

f.测试结论

经检测,模拟 5 个并发用户执行"添加"操作时,页面最短响应时间为 0.020s,平均响应时间为 0.029s,最长响应时间为 0.063s;事务总数为 572 个,成功事务数为 572 个,失败事务数为 0 个,停止事务数为 0 个,事务成功率为 100%;CPU 平均占用率为 6.41%,内存平均占用率为 26.65%。测试过程中系统运行无明显异常情况发生,测试结果通过。

(4)需求 4:系统支持 20 个用户在线访问

①创建并调试测试脚本。

该需求可以使用需求 2 的测试脚本,无须重新录制脚本。对需求 2 的脚本做简单的调整即可使用。

【说明】 需清楚用户在线访问与用户并发操作的区别。

②脚本执行。

a.场景创建。

通过"开始"菜单下的"HP Software→Controller"打开场景设计页面,选择待运行的脚本,创建场景。如图 4-53 所示。

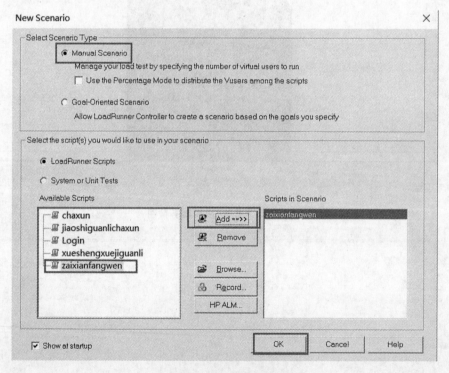

图 4-53 创建脚本运行场景

b.场景设计。

在 Global Schedule 页面中设计场景,包括 Initialize、Start Vusers、Duration 和 Stop Vusers,如图 4-54 所示。

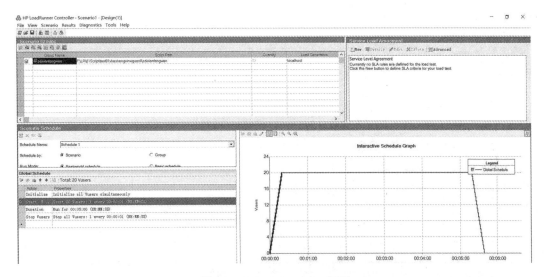

图 4-54　Global Schedule 页面

c. 场景运行。

在 Scenario Groups 区域,点击"Start Scenario",场景开始运行。运行结果如图 4-55 所示。

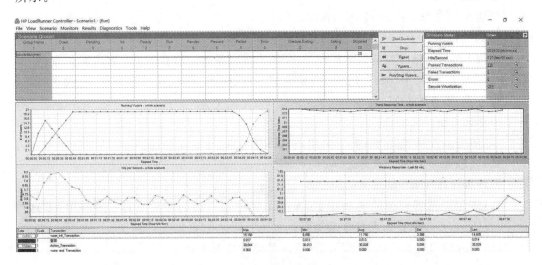

图 4-55　场景运行结果

【说明】　场景运行结束后,需要到学生信息管理系统相应模块查看添加的学生信息是否正确。

③结果分析。

场景运行结束后,在"Controller"选择"Results→Analyze Results"进入 Analysis 页面查看测试结果。如图 4-56 所示。

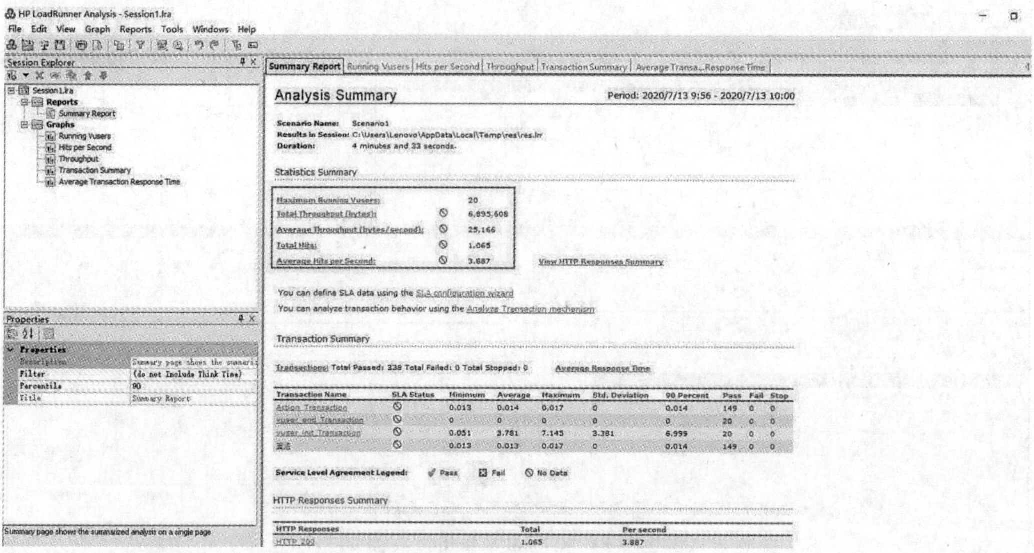

图 4-56　Login 场景的 Analysis 页面

④报告编写。

a.测试需求。

检测系统是否支持 20 个用户在线访问。

b.测试策略。

使用 LoadRunner 检测该软件在 20 个用户登录系统进行教师信息查询时,"查询"操作的最短响应时间、平均响应时间、最长响应时间、事务总数、成功事务数、失败事务数、停止事务数、事务成功率等。

c.测试方法。

(a)使用 1 台测试机,模拟 20 个用户,采用静态加压方式,测试持续 180s;

(b)获取和分析产生的测试结果。

d.业务操作步骤。

(a)使用浏览器模拟的方法在 IE11 浏览器中输入访问地址 http://localhost/stu_project1/Login.php,进入系统登录界面;

(b)输入用户名和密码,登录系统,进入教师管理页面;

(c)输入查询条件"姓名:朱丹",待页面数据显示完毕。

＊计时说明:统计的平均响应时间为步骤(c)的系统平均响应时间。

e.测试结果,如表 4-5、图 4-57～图 4-61 所示。

表 4-5　　　　　　　　　　　　　需求 4 测试结果数据统计表

测试项		用户数/个
		20
"查询"响应时间	最短响应时间/s	0.013
	平均响应时间/s	0.013
	最长响应时间/s	0.017

续表

测试项	用户数/个
	20
事务总数/个	149
成功事务数/个	149
失败事务数/个	0
停止事务数/个	0
事务成功率/%	100
CPU 平均占用率/%	1.23
内存平均占用率/%	20.51

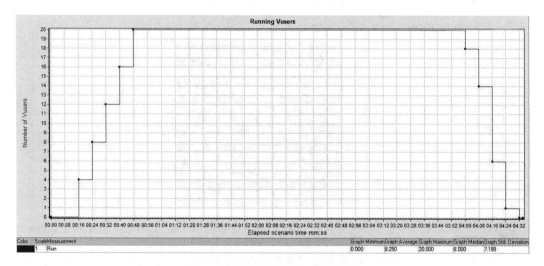

图 4-57　"查询"操作运行用户数图

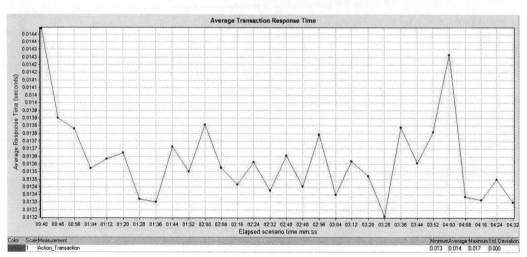

图 4-58　"查询"操作平均响应时间图

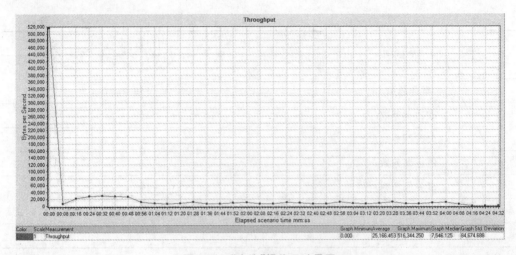

图 4-59 "查询"操作吞吐量图

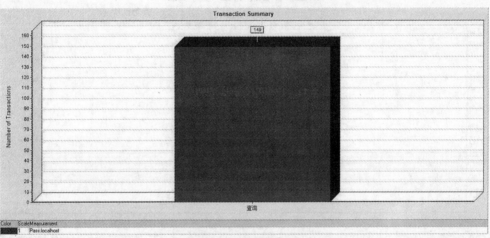

图 4-60 "查询"操作事务数图

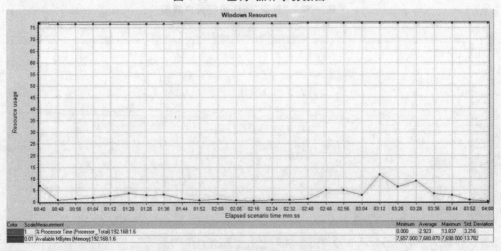

图 4-61 "查询"操作资源监控图

f.测试结论。

经检测,模拟 20 个用户执行查询在线操作时,页面最短响应时间为 0.013s,平均响应时间为 0.013s,最长响应时间为 0.017s;事务总数为 149 个,成功事务数为 149 个,失败事务数为 0 个,停止事务数为 0 个,事务成功率为 100%;CPU 平均占用率为 1.23%,内存平均占用率为 20.51%。测试过程中 20 个用户在线运行无明显异常情况发生,无用户掉线的情况,测试结果通过。

执行 JMeter
性能测试

4.4　总结与思考

本章主要针对学生信息管理系统,使用 LoadRunner 和 JMeter 性能测试工具,执行学生信息管理系统 Web 性能测试。通过本章的学习,大家可以更好地理解性能测试的基本内容及相关性能指标,熟悉性能测试流程,并且熟练掌握两种性能测试工具 Load-Runner 和 JMeter 的使用方法,并能根据性能测试报告分析性能测试结果,给出性能测试结论。

通过本章的知识学习和实践操作,思考以下问题:

①什么是场景? 性能测试中如何设置场景?

②响应时间和吞吐量之间的关系是什么?

③什么是集合点? 设置集合点有什么意义?

④使用 LoadRunner 工具时,如出现无法打开浏览器或录制不到脚本问题时,如何解决?

⑤LoadRunner 功能模块有哪些? 简述 LoadRunner 基本测试流程。

⑥JMeter 主要部件有哪些? 简述 JMeter 基本测试流程。

⑦LoadRunner 和 JMeter 性能测试的主要区别有哪些?

第 5 章 缺陷编写及管理

本章就学生信息管理系统测试执行中发现的缺陷,如何对其进行有效的管理进行系统讲解。运用禅道缺陷管理工具,对学生信息管理系统测试过程中出现的缺陷,从缺陷编写、缺陷报告提交、缺陷分配、缺陷报告审核、缺陷处理到验证和关闭缺陷,全流程实践学习。

5.1 测试任务

5.1.1 实践目标

①掌握缺陷管理业务流程;
②掌握缺陷报告的基本元素和编写规范;
③掌握缺陷的跟踪管理;
④能用缺陷管理工具进行缺陷管理。

5.1.2 实践环境

硬件环境:客户端电脑、服务器端电脑。
软件环境:Windows 7 操作系统、Office 软件、禅道缺陷管理工具。
被测系统:学生信息管理系统。

5.1.3 任务描述

针对学生信息管理系统,使用禅道缺陷管理系统完成缺陷管理及跟踪,以一个测试用例的生命周期为例说明其过程,包括提交缺陷报告、分配缺陷、审核缺陷报告、处理缺陷和验证、关闭缺陷等操作。

5.2　知识准备

IEEE 对软件缺陷的标准定义是：从产品内部看，软件缺陷是软件产品开发或维护过程中所存在的错误、毛病等各种问题；从产品外部看，软件缺陷是系统所需要实现的某种功能的失效或违背。因此，软件缺陷就是软件产品中存在的问题，最终表现为用户所需要的功能没有完全实现，没有满足用户的需求。比如：

①软件没有实现产品规格说明书中所要求的功能；

②软件实现了产品规格说明书中没有要求的功能模块；

③软件没有实现产品规格说明书中没有明确提及但应该实现的目标；

④软件出现了产品规格说明书中指出的不应该出现的错误；

⑤软件难以理解，不方便、不容易使用，运行缓慢，或从测试员的角度看，不能满足最终用户的要求。

满足以上任意一条，都属于软件缺陷的范围。

为保证软件质量，软件开发组织必须对软件测试中发现的缺陷进行有效的管理，确保测试人员发现的所有缺陷都能得到有效的处理。

5.2.1　缺陷的属性

缺陷的属性包含缺陷标识、缺陷来源、缺陷类型、缺陷严重程度、缺陷优先级、缺陷状态、缺陷根源等。

对于软件测试人员，利用软件缺陷的属性可以报告和跟踪软件缺陷，保证产品的质量。

①缺陷标识：标记某个缺陷的唯一的标识，可以使用数字序号表示。

②缺陷来源：缺陷的起因，缺陷产生于软件生命周期的各个阶段，如表 5-1 所示。

表 5-1　　　　　　　　　　　　　　软件缺陷来源

缺陷来源	描述
需求说明书	需求描述错误、不清晰或缺失等引起的问题
系统架构	系统设计架构引起的错误
设计文档	设计文档描述不准确、和需求说明书不一致的问题
程序编码	程序编码中的问题引起的缺陷
软件测试	在测试阶段发现的缺陷
系统集成接口	系统模块参数不匹配、开发组之间缺乏协调引起的缺陷

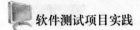 软件测试项目实践

③缺陷类型：根据缺陷的自然属性划分的缺陷种类，如表 5-2 所示。

表 5-2   软件缺陷类型

缺陷类型	描述
功能	影响了各种系统功能、逻辑的缺陷，或需求中的功能设计无法实现或实现错误
性能	未达到预期的性能目标或性能测试中出错，导致无法进行测试。不满足系统可测量的属性值，如执行时间、事务处理速率等
界面	指影响了用户界面、人机交互特性的缺陷，一般体现在让操作者不方便或遇到麻烦，但不影响执行工作或功能的实现，如操作界面错误、打印内容或格式错误、删除操作未给出提示（重要）、长时间操作未给出提示、界面不规范等
文档	影响发布和维护，包括注释、用户手册、设计文档等。如描述含糊、与需求不一致、信息错误、注释缺陷等
接口	与其他组件、模块或设备驱动程序、调用参数、控制块或参数列表等不匹配、冲突
兼容	软件之间不能正确地交互和共享信息，如操作系统、浏览器、分辨率、网络环境等不兼容
软件包	由软件配置库、变更管理或版本控制引起的错误

④缺陷严重程度：因软件缺陷引起的故障对软件产品及客户满意度的影响程度。虽然软件公司对软件缺陷严重程度的定义不尽相同，但是大同小异，一般可以定义为以下几种，如表 5-3 所示。

表 5-3   缺陷严重程度

缺陷严重程度	描述
致命	不能执行正常工作功能或实现重要功能。如系统崩溃或死机、用户数据受到破坏造成数据丢失等，这样的测试对象不能发布
严重	产生错误的结果，导致系统不稳定，系统的主要功能部分未实现或流程缺陷等。如数据不能保存，系统的次要功能完全丧失，系统所提供的功能或服务受到明显的影响
一般	功能偏差或受限制，错误或部分地实现需求，导致软件部分功能无法正常使用等，对一些相关人员造成实际影响。如提示信息不太准确或用户界面差、操作时间长、系统刷新错误等问题
微小	微小的偏差，对极少数相关人员造成一定影响，但它不影响功能的操作和执行，如系统提示不明确、首位页定位错误、错别字、文字排列不整齐、时间限定错误等一些小问题
建议	系统中需要改良的问题，对系统使用的友好性有影响，可以有更好的实现方法、建议，如容易让用户误解和产生歧义的提示等

⑤缺陷优先级：缺陷被修复的紧急程度，由开发人员确认，并决定缺陷修复的先后时间，如表 5-4 所示。

142

表 5-4　　　　　　　　　　　　　　　　缺陷优先级

缺陷优先级	描述
立即解决	缺陷导致系统无法继续进行或者测试不能继续,需立即修复
高优先级	缺陷严重,影响测试,需要优先考虑
正常排队	缺陷需要正常排队等待修复
低优先级	缺陷可以在开发人员方便时候被纠正

缺陷优先级的衡量,抓住了在缺陷严重性中没有考虑的重要程度因素。一般而言,缺陷严重等级和缺陷优先级关联性很强,但是具有低优先级和高严重性的缺陷是可能的,反之亦然。如:产品徽标是重要的,一旦它丢失了,就是用户界面的产品缺陷,它影响了产品的形象,那么它是优先级很高的软件缺陷。

⑥缺陷状态:软件缺陷在生命周期中的状态变化。这些状态定义了不同角色的人(如测试人员、开发人员、项目经理等)对缺陷的标记处理方式。一般体现在表 5-5 中。

表 5-5　　　　　　　　　　　　　　　　缺陷状态

缺陷状态	描述
新建	测试执行人员发现软件缺陷,在平台提交的新缺陷状态
已修复	已被开发人员检查、修复过的缺陷,通过单元测试,认为已经解决但还没有被测试人员验证
关闭	测试人员验证后,确认缺陷不存在之后的状态。由测试人员设置关闭
拒绝	开发人员认为不是缺陷、描述不清、重复或不能重现的情况,可以由开发人员或缺陷分配人员设置为拒绝状态
重复	开发人员认为该缺陷已被其他测试人员发现并记录
重新打开	测试人员在修复的版本中验证,确认仍存在该缺陷
延期处理	因不是很重要或技术难度过大或需求不明确,这个缺陷可以推迟到下一个版本再解决
保留	由于技术原因或第三方软件的缺陷,开发人员不能修复的缺陷
无法重现	开发人员按照该缺陷的环境、步骤不能复现该缺陷,需测试人员再次检查复现
需要更多的信息	开发能再现这个软件缺陷,但开发人员需要一些信息,例如缺陷的日志文件、图片等

测试人员在记录、验证缺陷时,必然要判定该缺陷的状态。缺陷状态是通过跟踪缺陷修复过程的进展情况而定义的。每个公司在缺陷管理系统中定义的缺陷状态也许会稍微不同,但基本包含以上几种状态。

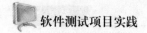

⑦缺陷根源:造成软件缺陷的根本原因。如表 5-6 所示。

表 5-6 缺陷根源

缺陷根源	描述
软件本身	如需求不清晰导致的设计目标偏离客户需求,系统功能结构比较复杂导致的意外的问题或系统维护扩充方面的困难,运行环境复杂引起的超强度或负载问题,新技术的采用可能涉及的系统兼容性问题等
开发过程	如需求分析理解偏差或变化,不同开发阶段的开发人员相互理解不一致,没有估算规程,项目组员技术水平参差不齐、职责交叉、缺乏培训等
技术问题	如系统结构不合理、算法问题、语法错误、计算和精度问题、接口参数传递不匹配等
项目管理	如开发流程不完善、开发周期短、不重视质量计划、风险评估不足等
工作环境	如组织机构发生调整、预算改变等情况

5.2.2 缺陷管理

5.2.2.1 软件缺陷生命周期

软件缺陷生命周期是指软件缺陷从被软件测试人员发现、报告到被修复、验证直至最后关闭的完整过程。在整个软件缺陷生命周期中,通常是以改变软件缺陷的状态来体现不同的生命阶段的。因此,对于软件测试人员而言,需要关注软件缺陷在生命周期中的状态变化,来跟踪项目进度和软件质量。

在许多情况下,软件缺陷生命周期的复杂程度仅为软件缺陷被打开、解决和关闭,然而,在有些情况下,生命周期会变得更复杂一些。

5.2.2.2 软件缺陷处理流程

一般企业的软件缺陷处理流程如下:

①测试执行人员发现并提交 Bug。

②测试项目负责人进行缺陷的审核。

③测试项目负责人将缺陷指派给开发项目负责人。

④开发项目负责人将缺陷指派给相应的开发人员。

⑤开发人员确认缺陷,如果是缺陷,则执行修复;如果不是缺陷,则拒绝并给出理由。

⑥如果缺陷状态为已修复,则测试执行人员进行回归测试,如果成功,则由测试人员将缺陷状态改为关闭;如果没有被修复,则将状态改为重新打开。

⑦如果开发人员与测试人员对某条缺陷的定义不统一,则双方进行沟通;如果意见仍不能一致,则由项目经理确认该缺陷的处理方式。

综上,软件缺陷在生命周期中经历了数次审阅和状态变化,最终测试人员关闭缺陷来结束软件缺陷的生命周期。软件缺陷处理的不同阶段,是测试人员、开发人员和管理人员一同参与、协同测试的过程。

5.2.2.3　软件缺陷描述

软件缺陷描述是软件缺陷报告中测试人员对问题陈述的一部分,也是软件缺陷报告的基础部分,更是测试人员和程序开发人员之间进行沟通交流的桥梁。一个好的软件缺陷描述,需要使用简单、准确、专业的术语来描述缺陷。否则,它就可能误导开发人员,影响开发人员的效率,也会影响测试人员自身的声誉。

全面、准确、清晰的软件缺陷描述是非常重要的:

①清晰、准确的软件缺陷描述可以减少测试人员与开发人员之间的纠纷,避免开发人员频繁退回缺陷的情况,节省开发人员和测试人员的时间,提升开发人员对测试人员的信任度;

②以缺陷报告为纽带,以提升软件质量为共同目标,加强开发人员与测试人员之间的工作协同性,提高软件缺陷修复的速度与效率;

③不断积累软件缺陷信息,通过综合统计分析,总结发现软件开发过程中的不足,不断提升软件开发成熟度。

任何一个缺陷管理系统的核心都是软件缺陷报告。一份完整的缺陷报告包含以下描述信息:

(1)缺陷跟踪信息

①缺陷 ID:缺陷的唯一标识,用于跟踪、识别和查询缺陷信息。

②缺陷标题:缺陷的主要信息描述。

③所属项目:缺陷所属的项目系统或子系统信息。

④所属模块:缺陷所属的功能模块。

(2)缺陷描述信息

①测试步骤:发现缺陷时的操作步骤描述,这是缺陷报告的关键信息,是缺陷修复的向导。步骤描述应简明完备、清晰准确,便于重现缺陷。

②测试环境:对测试软、硬件环境的描述,帮助开发人员分析缺陷产生的原因。

③期望结果:根据软件需求规格说明书和软件设计的要求,软件应该出现的运行结果。

④实际结果:根据测试步骤运行系统,实际产生的软件运行结果。

(3)缺陷属性信息

①缺陷类型:缺陷所属类型,功能、界面、性能、文档、接口、兼容等类型。

②缺陷严重程度:致命、严重、一般、微小、建议。

③缺陷出现频率:按统计结果标明缺陷发生的可能性,以 1%～100%表示。

④缺陷优先级:缺陷处理的紧急程度。

⑤缺陷状态:缺陷所属的状态情况,打开、关闭等。

⑥缺陷来源:引起缺陷的原因。

(4)缺陷处理信息

①缺陷提交人员:缺陷提交人信息(姓名、邮件等),一般是发现缺陷的测试执行人员。

②缺陷提交时间:缺陷提交的时间。

③缺陷修复人员：缺陷修复的开发人员，一般谁开发谁修复，也可由项目管理人员指定分派给相关的其他开发人员。

④缺陷修复时间：由开发管理人员指定的开发人员修复缺陷的时间。

⑤缺陷验证人员：验证缺陷是否被修复的测试人员。

⑥缺陷验证意见：对验证结果的描述及简要意见。

⑦缺陷验证时间：对缺陷验证，给出最终验证结果的时间。

（5）缺陷附件信息

图片、日志文件、视频等可以反映缺陷情况的内容，方便为开发人员提供更为直观和细致的缺陷信息。

5.2.2.4　软件缺陷报告模板

通过缺陷描述可以看出，一份完整的缺陷报告可以包含非常丰富的缺陷信息。在实际工作中，一般会根据软件项目特点对上面描述信息进行裁剪，制订合适的符合实际工作需要的缺陷报告模板。如图 5-1 所示。

缺陷记录

软件名称（版本）				项目编号			##{项目编号}	
测试人员				测试地址				
审核人员								
缺陷明细统计	级别名称	数量（个）	说明					
	致命		系统或应用程序崩溃或死机，程序模块丢失，功能完全丧失等					
	严重		系统崩溃或死机，程序模块丢失等					
	一般		主要功能未实现或流程缺陷等，导致软件部分功能无法正常使用等					
	微弱		不影响功能实现的其他缺陷，系统可以不受限制　被使用地					
	建议		建议的改进					
	缺陷总计		—					

缺陷编号	缺陷类型	子系统	模块	功能点	缺陷描述	缺陷等级	缺陷来源	测试结果
##{缺陷ID}	##{缺陷类型}	##{子系统}	##{模块}	##{功能点}	##{问题描述}	##{缺陷等级}		##{问题状态}

图 5-1　缺陷报告模板

缺陷报告应该确保描述准确，无二义性；描述清晰，易于理解；简洁明了，只包含必要信息，无冗余；包含缺陷步骤及其他本质信息；确保格式一致，符合标准规范。

学生信息管理系统的缺陷报告信息详见附录 3。

尽管一些软件缺陷管理工具会自动生成软件缺陷报告，但在实际工作中，还是有必要将相关信息补充到公司自己的模板中，以满足特定软件企业和软件项目的要求。

5.2.3　缺陷管理工具

缺陷管理工具是为了便于缺陷的定位、跟踪和修改，对所发现的缺陷，按照缺陷的严重程度、优先级、发现阶段、修复阶段、缺陷的性质、所属功能模块、系统环境等方面进行分类和统计的软件系统。

目前市场有很多种缺陷管理工具,有商业软件、开源免费软件,还有公司自己开发的缺陷管理系统。使用缺陷管理工具,可以帮助项目更快、更好地完成缺陷修复及管理,提高项目开发管理整体效率,并方便根据缺陷统计分析产品目前的质量情况。

缺陷管理工具的使用具有以下特点:

①可以对缺陷实施实时、有效管理。

②方便项目组成员之间协调工作。

③保持软件测试过程的高效性。

④图形结合确保软件测试报告的质量。

常见的缺陷
管理工具

根据每个公司性质的不同、规模的不同,所选用的缺陷管理工具也不尽相同。

5.2.4　禅道项目管理软件

5.2.4.1　禅道项目管理软件概述

禅道由青岛易软天创网络科技有限公司开发,是国产开源项目管理软件。它集产品管理、项目管理、质量管理、文档管理、组织管理和事务管理于一体,是一款专业的研发项目管理软件,完整覆盖了研发项目管理的核心流程。禅道管理思想注重实效,功能完备、丰富,操作简洁、高效,界面美观、大方,搜索功能强大,统计报表丰富多样,软件架构合理,扩展灵活,有完善的 API(Application Programming Interface,应用程序接口)可以调用。

(1)禅道项目管理软件的设计理念

禅道项目管理软件的主要管理思想基于国际流行的敏捷项目管理方法——Scrum。Scrum 方法注重实效,操作性强,非常适合软件研发项目的快速迭代开发。但它只规定了核心的管理框架,还有很多细节流程需要团队自行扩充。禅道在遵循其管理方式的基础上,结合国内研发现状,整合了 Bug 管理、测试用例管理、发布管理、文档管理等功能,完整地覆盖了软件研发项目的整个生命周期。在禅道项目管理软件中,明确地将产品、项目、测试三者概念区分开,产品人员、开发团队、测试人员,三者分立,互相配合,又互相制约,通过需求、任务、Bug 来进行交互,最终拿到合格的产品。

(2)选择禅道项目管理软件的原因

①禅道是专业的研发项目管理软件,非简单任务管理软件可比。

②管理思想简洁、实效,可以帮助企业实现快速、敏捷开发。

③功能完备,无须费心整合若干系统在一起使用。

④源代码开源开放,有灵活的扩展机制,方便企业使用并二次开发。

⑤国产软件,本地支持,操作习惯更适合国人。

⑥自主开发的底层框架和前端 UI 框架,结实稳定,界面美观,交互友好。

⑦完善的社区机制,可以获得及时的技术支持和帮助。

⑧零投入,相比动辄十几万元的商业软件,选择禅道没有任何风险。

⑨禅道支持多种部署方式，可以私有部署，也可以选择云端服务。

⑩禅道团队一直专注企业管理，持续迭代更新，不断完善软件。

（3）禅道项目管理软件的主要功能

①产品管理，包括产品、需求、计划、发布、路线图等功能。

②项目管理，包括项目、任务、团队、版本、燃尽图等功能。

③质量管理，包括 Bug、测试用例、测试任务、测试结果等功能。

④文档管理，包括产品文档库、项目文档库、自定义文档库等功能。

⑤事务管理，包括 todo 管理、我的任务、我的 Bug、我的需求、我的项目等个人事务管理功能。

⑥组织管理，包括部门、用户、分组、权限等功能。

⑦统计功能，丰富的统计表。

⑧搜索功能，强大的搜索功能，帮助找到相应的数据。

⑨扩展机制，几乎可以对禅道的任何地方进行扩展。

⑩API 机制，方便与其他系统集成。

5.2.4.2　禅道项目管理软件安装及配置

可以从禅道网站根据自己的系统选择相应的版本，下载 Windows 一键安装包（适用于 Windows 64 位或 Windows 32 位）。

（1）启动安装禅道

运行 Windows 一键安装包，双击解压到某一个分区的根目录，比如 c:\xampp，或者 d:\xampp，必须是根目录。进入 xampp 文件夹，点击 start.exe 启动禅道项目管理软件时，如果电脑没有安装过 VC 运行环境，则会提示安装 VC＋＋环境，按提示完成 VC＋＋环境安装。

（2）注意事项

①xampp 需在根目录下，且不要随意改动，否则运行程序会出现问题；

②禅道项目管理软件的登录账号是 admin，密码是 123456，登录之后尽快修改自己的密码；

③mysql 数据库的管理员默认账号是 root，密码为 123456（如果修改了 root 账号的密码，请一定记得修改 zentao/config/my.php 里面的数据库密码）；

④数据库管理是使用的 phpmyadmin 程序，基于安全方面的考虑，只能在禅道所在的机器上面访问，从其他机器访问会被禁止（禅道服务器本机浏览器访问 127.0.0.1，点击数据库管理）。

（3）软件使用基本流程

软件使用基本流程主要可以分为四条线：产品线、项目线、开发线、测试线。

产品线：产品经理要与运营或者外部用户沟通，完成需求原型；建立产品，对产品整理研发计划并整理每个计划中需要完成的需求。

项目线：项目经理创建项目，关联到产品，确定本次项目中需要完成的产品需求；组建项目团队（研发、测试人员），要选择哪些人可以参与这个项目；确定项目要完成的需求列表：关联产品、关联需求。组织进行任务的分解：需要将所有的任务都分解出来，任务分解的粒度越小越好。每天要召开站立式会议，沟通解决问题，会议时间要控制在 15min 之内；要通过燃尽图了解项目的进度；项目结束之后要召开演示会议和总结会议。

开发线：参加项目计划会议，分解任务，自愿领取自己喜欢的任务；每日站立式会议（敏捷思想 scrum）——昨天的进度，遇到的问题，今天的安排；更新任务状态，生成燃尽图；打包创建一个可用的版本提交测试；当版本创建完毕之后，就是申请测试；如果有 Bug 的话，要去解决 Bug，最后生成文档。

测试线：维护 Bug 视图模块——以便更好地组织管理 Bug；创建测试用例——禅道中的测试用例，彻底将测试用例步骤分开，每一个测试用例都由若干个步骤组成，每一个步骤都可以设置自己的预期值。这样可以非常方便进行测试结果的管理和 Bug 的创建。

当开发人员申请测试之后，会生成相应的测试版本给测试人员。这时候测试人员要做的就是为这个测试版本关联相应的测试用例。如果这个测试任务需要多人来配合完成，则需要将相应的用例指派给相应的人员来完成，或者自己领取相应的测试用例。

如果一个用例执行是失败的，就直接转 Bug；然后测试版本生成测试报告；提交 Bug，开发人员解决 Bug 之后，再次验证 Bug，最后是验证 Bug，如果没有问题，就关闭。

5.3　任务实施

5.3.1　任务流程

缺陷管理任务流程如图 5-2 所示。

图 5-2　任务流程

5.3.2　任务步骤

关于禅道的使用，在禅道的官网上有新手教程，以任务的形式指导禅道的使用操作。新手教程主要包含 8 个任务：创建账号、创建产品、创建需求、创建项目、管理团队、关联需求、分解任务、提交 Bug。

禅道项目进展到后期主要的工作就是测试。测试人员和研发人员通过 Bug 进行互动，保证产品的质量。禅道的测试功能也可以独立出来单独使用，这种方式很适合测试团队使用。本部分任务根据禅道提供的功能，按照缺陷处理流程，完成缺陷管理。如图 5-3 所示。

流程图

管理员	维护公司	添加用户	维护权限		
产品经理	创建产品	维护模块	维护计划	维护需求	创建发布
项目经理	创建项目	维护团队	关联产品	关联需求	分解任务
研发人员	领取任务和Bug	更新状态	完成任务和Bug		
测试人员	撰写用例	执行用例	提交Bug	验证Bug	关闭Bug

图 5-3　管理流程

5.3.3　任务指导

本任务以学生信息管理系统为例,通过禅道缺陷管理工具进行项目管理。

禅道项目管理软件中,三个核心角色为产品经理、研发团队和测试团队。三者之间通过需求进行协作,实现了研发管理中的三权分立。其中,产品经理整理需求,研发团队完成任务,测试团队则保障质量,三者的关系如图 5-4 所示:

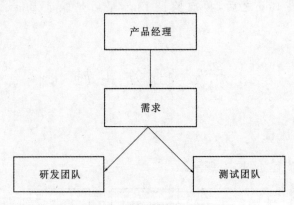

图 5-4　核心角色及关系

基本流程如下:

①产品经理创建产品。

②产品经理创建需求。

③项目经理创建项目。

④项目经理确定项目要做的需求。

⑤项目经理分解任务,指派到人。

⑥测试人员测试,提交 Bug。

5.3.3.1　禅道测试管理操作

准备好测试组织和禅道管理工具之后,对学生信息管理系统进行相应的缺陷组织和管理工作。

①启动并登录禅道管理系统。

②创建分组与用户。

a.以管理员身份登录,如图 5-5 所示,系统默认的管理员账号是 admin,密码是

123456,进入后,按提示进行密码修改。

图 5-5　工具运行主界面

b. 单击"组织"进入组织视图,点击"维护部门"设置部门结构,如图 5-6 所示。

图 5-6　部门维护界面

这里主要执行测试管理,仅设置开发部门和测试部门两个部分,如图 5-7 所示。

图 5-7　部门添加界面

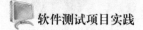

　　c.部门创建之后,下一步操作就是添加用户账号,步骤如下:进入组织视图,选择用户列表,然后选择"添加用户",即可进入添加用户页面,如图5-8所示。用户添加之后,即可将其关联到某一个分组中。

　　系统还提供了批量添加用户账号信息的功能,在用户信息界面,如图5-9所示,点击"批量添加用户"即可批量建立账号。

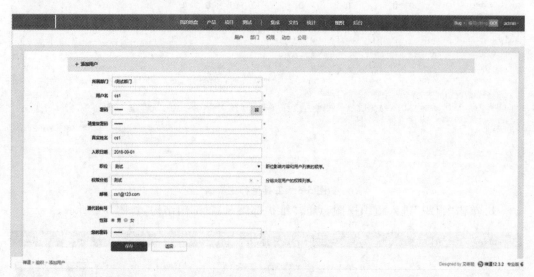

图 5-8　用户添加页面

图 5-9　用户信息界面

　　d.设置分组。

　　在禅道项目管理软件中,用户权限都是通过分组来获得的。所以在完成部门结构划分之后,就应该建立用户分组,并为其分配权限。

　　用户分组和部门结构有什么区别?部门结构是公司从组织角度来讲的一个划分,它决定了公司内部人员的上下级汇报关系。而禅道项目管理软件里面的用户分组则主要用来区分用户权限。二者之间并没有必然的关系。比如用户 A 属于产品部,用户 B 属于研发部,但他们都有提交 Bug 的权限。

　　使用管理员身份,进入组织视图,选择权限分组,进入分组的列表页面。点击"新增分组",即可创建分组。在这个分组列表页面,还可以对某一个分组进行权限维护、成员维护或者视图维护。如图 5-10 所示。

图 5-10　设置分组及权限操作页面

e.建立权限系统。

点击"权限",进入权限分组列表页面,选择某一个分组,点击"权限维护",即可维护该分组的权限。进入权限列表页面,点击某一个模块名前面的复选框,可以全选该模块下面的所有权限,或者全部取消选择,如图 5-11 所示。还可以查看某一个版本新增的权限列表,即图 5-12 的方框位置。

图 5-11　权限设置试图维护

权限维护的注意事项:

一个用户在多个权限分组里,其在禅道里的权限取的是各个权限分组里权限的合集。

要访问一个 Bug,必须同时拥有 Bug 所在产品项目的访问权限和 Bug 详情的权限。

产品/项目还可以通过访问控制来设置查看权限。产品/项目—概况里,编辑访问控制:默认设置,私有产品/项目,自定义白名单来调整产品/项目的查看权限。

禅道里权限分配比较灵活,可以根据实际需要做调整。

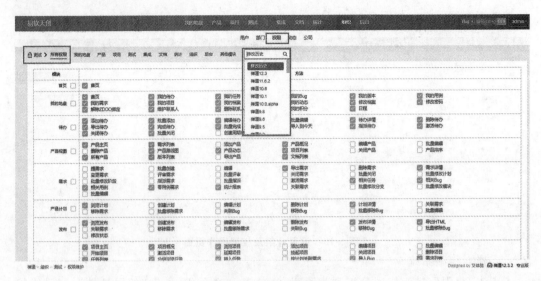

图 5-12　权限维护界面

没必要过于纠结权限的分配,禅道项目管理软件里每个操作都会被记录,在详情页的历史记录可以查看。

③创建产品。

禅道项目管理软件的设计理念是围绕产品展开的,因此首先要做的就是创建一个产品。单击"产品"跳转到"添加产品"页面,选择"添加产品",便可添加产品的具体信息,如图 5-13 所示。

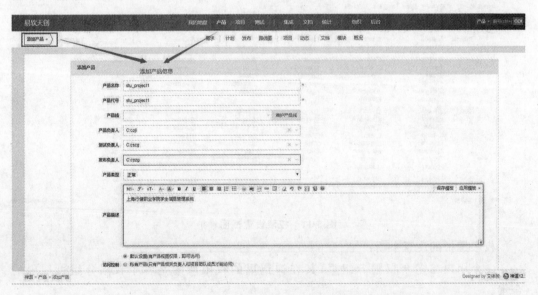

图 5-13　"添加产品"页面

新增产品的时候,需要注意:

产品名称和产品代号是必填项。其中产品代号可以理解为团队内部约定俗成的一个称呼,比如禅道的代号是 zentao。

产品线:该产品属于哪一个产品线,可以选填,比如禅道这个产品线下面包含禅道专业版、禅道开源版、禅道企业版。

产品负责人:负责整理需求,负责对需求进行解释,制订发布计划,验收需求。

测试项目负责人:可以为某一个产品指定测试项目负责人,这样当不知道由谁来创建 Bug 的时候,该产品的测试项目负责人会成为默认的负责人。

发布负责人:由这个角色负责创建发布。

产品类型:默认是正常的类型,还可以选择多分支(适用于客户定制场景)和多平台(适用于跨平台应用开发,比如 iOS、安卓等)的产品。

访问控制:可以设置产品的访问权限,其中默认设置只要有产品视图的访问权限就可以访问。如果这个产品是私有产品,可以将其设置为私有项目,那么就只有项目团队成员才可以访问。或者还可以设置白名单,指定某些分组里面的用户可以访问该产品。

④添加需求。

拥有学生信息管理系统产品之后,就可以添加相应的需求。由产品经理来编写需求说明文档,通过一个非常完整的 Word 文档将某一个产品的需求都定义出来。但在禅道里面,我们提倡按照功能点的方式来写需求。简单来讲,就是将原来需求设计文档中的每一个功能点摘出来,录制在禅道里面,作为一个个独立的功能点。本书以学生信息管理系统登录模块为例进行操作。

创建需求的步骤如下:

a.使用产品经理角色登录系统;

b.进入产品视图;

c.点击二级导航的"需求",在页面右侧有"提需求"的按钮,并支持批量创建,点击新增需求的页面,如图 5-14、图 5-15 所示。

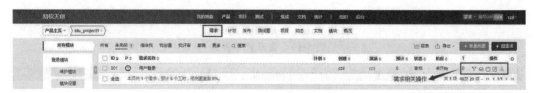

图 5-14　需求操作界面

注意:

(a)所属产品:需求的标题,是必填项。

(b)所属计划和模块,可以暂时保留为空。

(c)需求评审,如选不需要评审,这样新创建的需求状态就是激活的,否则只有指定人员评审通过后,才能转为激活状态。只有激活状态的需求才能关联到项目中,进行开发;如需要评审,则根据设置,由评审人完成评审,如图 5-16、图 5-17 所示。

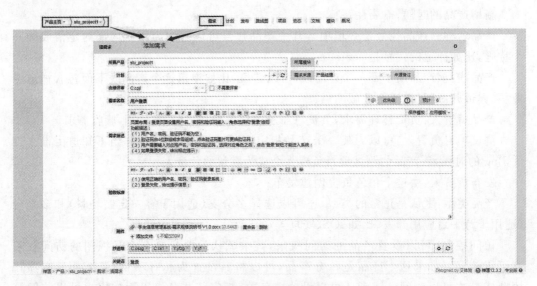

图 5-15　添加需求界面

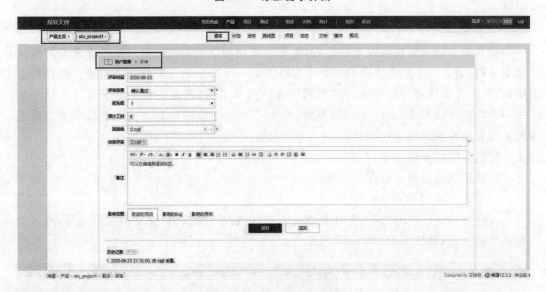

图 5-16　需求评审界面

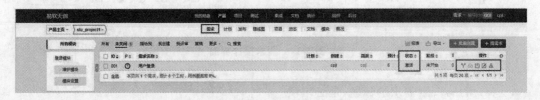

图 5-17　需求激活页面

(d)抄送给:需求可以设置"抄送给"字段,这样需求的变化都可以通过 E-mail 的形式抄送给相关人员。

(e)关键词:可以设置关键词,这样可以比较方便地通过关键词进行检索。

⑤添加项目,设置团队。

产品经理按照以上操作创建需求之后,接下来的工作由项目经理完成。

a.添加项目。

以项目经理身份登录系统,进入"项目"视图,单击"添加项目",进入项目添加页面,在该页面下设置项目名称、项目代号、起始日期、可用工作日、团队名称、项目类型、项目描述等字段。其中关联产品是可以为空的。如图 5-18 所示。

图 5-18　添加项目界面

需要说明的是,在添加项目的时候,需要关联产品,可以多选;可以控制项目的访问权限,分为默认、私有和自定义白名单三种。

b.设置团队。

单击"保存"按钮,会提示项目创建成功,然后可以选择"设置团队"按钮,如图 5-19 所示。或者在项目视图中的团队菜单,进行项目的团队管理。

图 5-19　设置团队界面

在维护项目团队的时候,需要选择都是哪些用户可以参与这个项目,同时需要设置这个用户在本项目中的角色(角色可以随便设置,比如风清扬、冬瓜一号等)。可用工作日和可用工时需要每天仔细设置。通常来讲,一个人不可能每天 8h 投入,也不可能一星期 7 天连续投入。设置完毕之后,系统会自动计算这个项目总可用工时,如图 5-20 所示。团队成员界面如图 5-21 所示。

图 5-20　团队管理界面

图 5-21　团队成员界面

⑥确定项目要完成的需求列表。

迭代开发区别于瀑布式开发,它是将众多的需求分成若干个迭代来完成,每个迭代只完成当下优先级高的那部分需求。禅道软件中项目关联需求的过程,就是对需求进行排序筛选的过程。

a. 关联产品。

如果在创建项目的时候,已经关联过产品,可以忽略这个步骤。

以项目经理身份登录系统,进入"项目"视图,单击"关联产品"按钮。然后点选该项目相关的产品即可。本书已关联过产品,参考图5-18添加项目界面。

b. 关联需求。

在"项目"视图中单击"需求",设置"关联需求";设置"关联需求"的时候,可以按照优先级进行排序;关联的需求状态必须是激活的(评审通过,不能是草稿)。如图5-22所示。

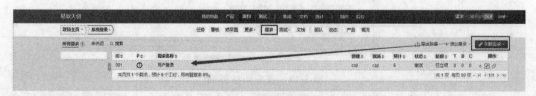

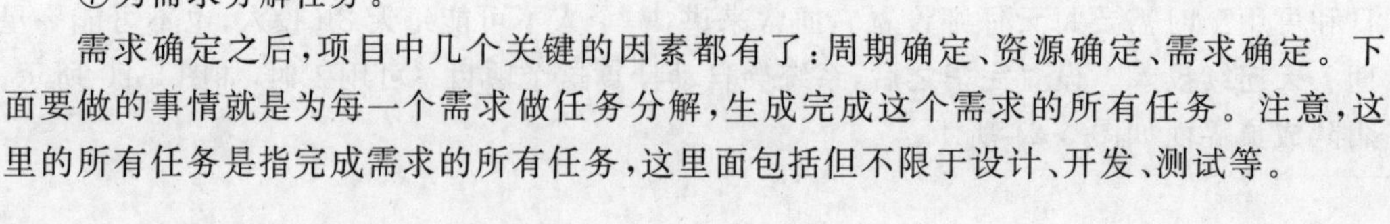

图 5-22　关联需求信息

⑦为需求分解任务。

需求确定之后,项目中几个关键的因素都有了:周期确定、资源确定、需求确定。下面要做的事情就是为每一个需求做任务分解,生成完成这个需求的所有任务。注意,这里的所有任务是指完成需求的所有任务,这里面包括但不限于设计、开发、测试等。

a. 分解任务。

在项目的需求列表页面,可以很方便地对某一个需求进行任务分解。同时还可以查看这个需求已经分解的任务数。列表字段中的 T/B/C 分别代表任务数/Bug 数/用例数。如图 5-23 所示。

图 5-23　需求列表页面

这样创建任务时就可以选择相关需求。禅道同时提供了查看需求的链接。如果需求和任务的标题是一样的,可以通过"同需求"按钮快捷地复制需求的标题。如图 5-24 所示。

图 5-24　分解任务界面

b. 多人任务。

创建任务的时候,勾选"指派给"选择框后面的"多人任务",如图 5-24 所示,会跳出"团队"按钮,点击"团队",就可以选择将该任务指派给多人。在团队界面,选择团队成员,填写对应的预计工时。选择"多人任务"后,"指派给"菜单里会显示指派的人员名单。该任务的预计工时是每个指派给人员的预计工时之和。如图 5-25 所示。

注意:

(a)多人任务中,指派给团队成员的顺序,会影响任务的开始和转交顺序。

(b)多人任务是创建一个任务,指派给多人。事务类型的任务是同时创建多个相同的任务,分别指派给多人。

(c)多人任务,只能由指派给的第一个人来开始,完成后转交给第二个人,以此类推。

(d)若点击"同需求",则名称、优先级、描述、工时都会同步。

图 5-25　设置团队成员

c.子任务。

正常创建任务后,返回项目任务列表页。在任务列表页的右侧操作按钮,点击最右侧的"创建子任务"按钮,即可创建该任务的子任务,如图 5-26 所示。

图 5-26　创建子任务

创建子任务的页面,其实就是批量添加任务的页面,如图 5-27 所示。填写好内容,保存即可。

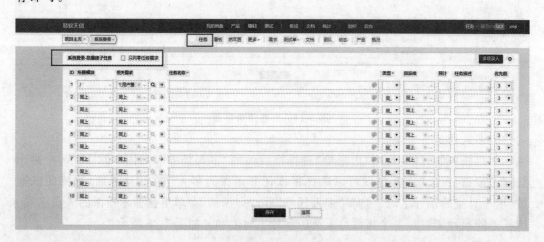

图 5-27　子任务列表

特别说明:

(a)创建子任务后,父任务的预计、消耗、剩余工时,是所有子任务的预计、消耗、剩余工时之和。

(b)创建父任务时,填写了相关的工时信息,再添加子任务后,子任务的相关工时之和会覆盖父任务的相关工时。

（c）多人任务不可以创建子任务。

d.任务分解的几个注意事项。

（a）需要将所有的任务都分解出来，这里面包括设计、开发、测试、美工，甚至包括购买机器、部署测试环境，等等；

（b）任务分解的粒度越小越好，比如几个小时就可以完成；

（c）如果一个任务需要多个人负责，则考虑继续将其拆分；

（d）事务型的事务可以批量指派，比如需要让团队里面的每一个人都写一份项目总结，可以选择类型是事务，然后批量指派给团队里面的所有人员；

（e）任务的类型请仔细设置，这个会涉及需求研发阶段的自动计算，后面我们会有讲解；

（f）任务的分配最好是自由领取，这样可以在很大程度上调动大家的积极性。

⑧领取并更新任务进度和状态。

任务分解完毕，每个人就非常清楚自己做什么事情。所以项目启动之后，对于项目团队的成员来讲，他要做的事情就是更新任务的进度和状态。

任务的列表：在任务的列表页面，可以看到系统中所有的任务列表，可以通过各种标签进行筛选。点击某一个任务的名称进入详情页面。

任务的详情页面：在任务的详情页面可以看到任务的详细信息，包括历次的修改记录等信息。同时也给出了各种操作的按钮，如图 5-28 所示。

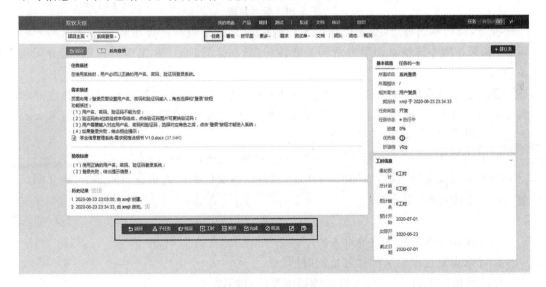

图 5-28　任务详情页面

开始任务：开始某一个任务的时候，可以设置已经消耗的时间和预计剩余的时间。单位都是工时。

更新任务工时：点击操作栏里的"工时"按钮，通过更新工时消耗，来管理任务执行进度。

完成任务：完成任务的时候，需要设置已经消耗的时间。

关闭任务：任务完成之后，点击操作栏里的"关闭"按钮，将该任务关闭，这个任务就结束了。

⑨创建版本。

当完成若干功能之后，就可以创建版本了。版本的概念在英文里面是 build，可以对应到软件配置管理的范畴。这是一个可选流程，但还是建议团队（如项目经理角色）能够实施版本管理。版本的主要作用在于明确测试的范畴，方便测试人员和开发人员的互动，以及解决不同版本的发布和 Bug 修复等问题。如图 5-29 所示。

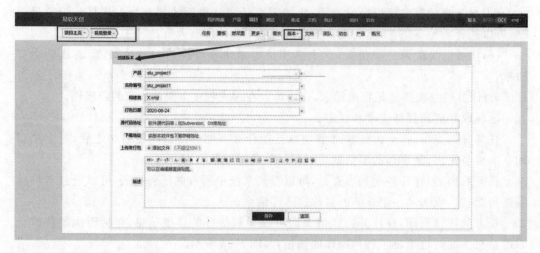

图 5-29　版本管理

注意，新版本的禅道，要先创建版本，保存成功后，在版本的详情页面再关联需求和Bug。如果在版本详情页面没有看到关联按钮，就联系管理员到"组织→权限"里分配相关权限。

既然是版本管理，那么禅道能不能管理源代码？禅道无法管理源代码，因为这是非常专业的一件事情，已经有非常好的开源软件来解决这个问题，例如 subversion 和 git。大家可以根据自己实际的需要部署安装。

⑩申请测试。

当版本创建完毕之后，如图 5-30 所示，就可以提交给测试人员进行测试了，提交测试会生成一个测试单（图 5-31）。

注意：

a.负责人为本次测试的负责人。

b.可以指定这次测试预计起止的时间。

c.任务描述里面，可以注明此次测试需要注意的地方。

d.还需要说明的一点是，目前测试单还没有指派的功能，所以需要大家线下通知测试团队的负责人，由他来负责组织相应人员的测试。或者在"项目→任务"里创建测试类型的任务，指派给相应的测试人员。

e.点击"保存"按钮后，系统会给负责人和抄送者发送邮件通知，接下来由测试人员登录系统执行测试。

图 5-30　测试申请单

图 5-31　测试单

⑪创建测试用例。

项目进展到后期主要的工作就是测试。测试人员和研发人员通过 Bug 进行互动,保证产品的质量。

禅道中的测试用例,彻底地将测试用例步骤分开,每一个测试用例都由若干个步骤组成,每一个步骤都可以设置自己的预期值,如图 5-32 所示。这样可以非常方便地进行测试结果的管理和 Bug 的创建。

⑫执行测试用例,创建并提交 Bug。

a. 执行测试用例。

在测试单的用例列表页面,用户可以按照模块来进行点选,或者选择所有指派给自己的用例,以查到需要自己执行的用例列表。在用例列表页面,选择某一个用例,然后选择右侧的"执行"按钮,即可执行该用例,如图 5-33 所示。

如果一个用例执行失败,那么可以直接由这个测试用例创建一个 Bug,而且其重现步骤会自动拼装。在测试结果页面,点击"转 Bug"按钮执行操作。如图 5-34 所示。

b. 创建并提交 Bug。

在编辑 Bug 报告界面(图 5-35),将信息填写完整。项目和任务,以及相关需求,应该认真填写,这样可以将 Bug 和项目、任务、需求关联起来,便于以后的统计分析。影响版本是必填的。而系统页面中的列表来源,则是项目中的版本。如果这个地方没有版本可选的话,则需要到与该产品关联的项目(版本)中创建版本。

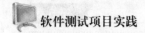

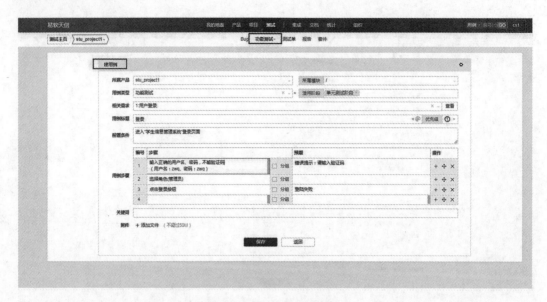

图 5-32　创建测试用例界面

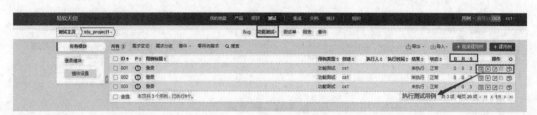

图 5-33　执行测试用例界面

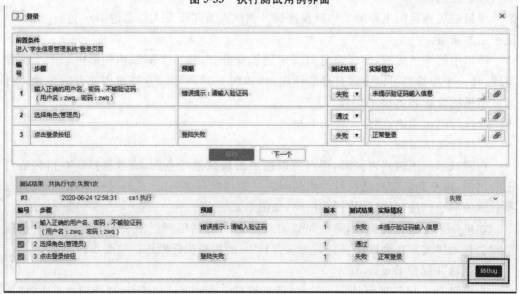

图 5-34　测试用例"转 Bug"界面

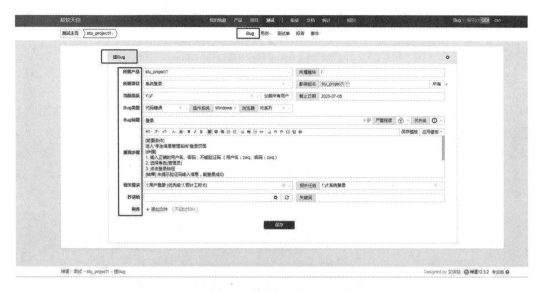

图 5-35　编辑 Bug 报告界面

提交 Bug 指派人显示规则：未选择所属项目会列出最近的一个项目的团队成员，选择所属项目后，指派人会显示选择的项目的团队成员，点击所有按钮显示全部成员。

重现步骤应该要详细、准确，确保开发人员可以重现和解决 Bug。

批量添加 Bug 时，支持多图上传。支持 JPG、JPEG、GIF、PNG 格式的图片，图片上传成功后，图片名称将作为 Bug 的名称，图片作为 Bug 的内容。

⑬处理 Bug。

禅道里面处理缺陷的基本流程：测试人员提交 Bug→开发人员解决 Bug→测试人员验证 Bug→测试人员关闭 Bug。

如果 Bug 验证没有通过，可以激活：测试人员提交 Bug→开发人员解决 Bug→测试人员验证 Bug→测试人员激活 Bug→开发人员解决 Bug→测试人员验证 Bug→测试人员关闭 Bug。

还有一个流程就是 Bug 关闭之后，又发生了。测试人员提交 Bug→开发人员解决 Bug→测试人员验证 Bug→测试人员关闭 Bug→测试人员激活 Bug→开发人员解决 Bug→测试人员验证 Bug→测试人员关闭 Bug。

以研发人员身份登录禅道系统，首页会提示需要处理的缺陷信息，如图 5-36、图 5-37 所示。

解决 Bug 的时候，需要填写 Bug 的解决方案。如图 5-38 所示。

禅道目前提供 7 种解决方案，如图 5-39 所示。

a. bydesign：设计如此，无须改动。

b. duplicate：重复 Bug，以前已经记录有同样的 Bug。

c. external：外部原因，非本系统原因。

d. fixed：已解决。

e. notrepro：无法重现，无法重现该 Bug。

f. postponed：延期处理，确实是 Bug，但现在暂时不解决，放在以后处理。

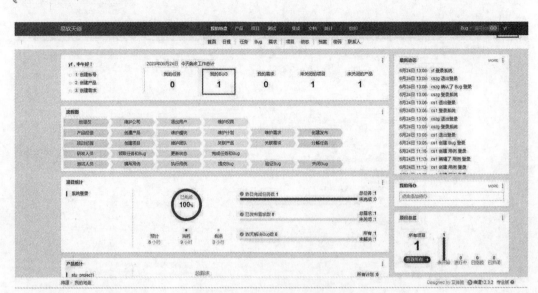

图 5-36　研发人员缺陷处理界面

图 5-37　研发人员缺陷处理列表界面

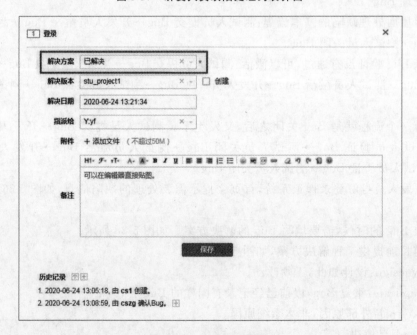

图 5-38　Bug 解决界面

g. willnotfix：不予解决。

特别说明：其中"已解决"和"延期处理"的 Bug 视为有效 Bug。

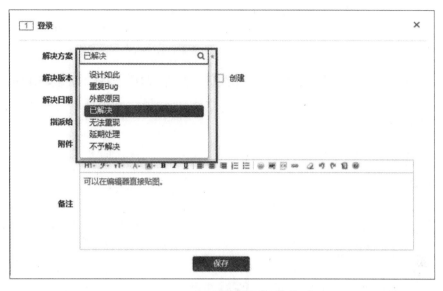

图 5-39　Bug 解决方案列表

Bug 解决之后，转给测试人员验证，如果验证 Bug 依旧存在，测试人员可以再次激活 Bug，转给研发人员解决。

⑭验证并关闭 Bug。

当研发人员解决 Bug 之后，就需要验证 Bug（图 5-40），如果没有问题，测试人员则将其关闭。已关闭的 Bug，默认是不再显示在 Bug 列表的（图 5-41）。

图 5-40　测试人员 Bug 验证列表

点击"关闭"，系统会弹出确认对话框，输入备注信息，完成关闭操作，如图 5-41 所示。

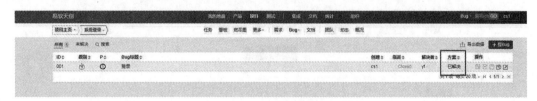

图 5-41　Bug 解决关闭界面

⑮激活 Bug。

如果研发人员解决 Bug 之后,验证无法通过,则可以将 Bug 重新激活,交由最后的解决者去重新解决。还有一种情况就是 Bug 关闭之后,过了一段时间,又重现了,也需要重新激活。点击 Bug 标题,进入 Bug 详情,在下方的菜单中点击"激活"即可。如图 5-42 所示。

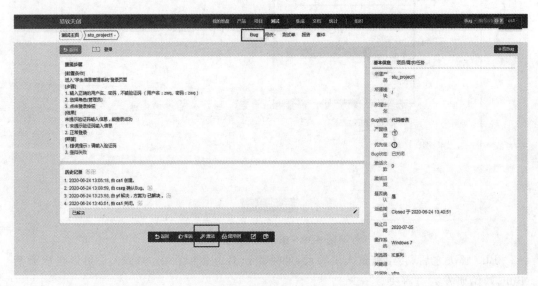

图 5-42　测试激活 Bug 界面

Bug 被激活时,会自动指派给最后的解决者。如图 5-43 所示。

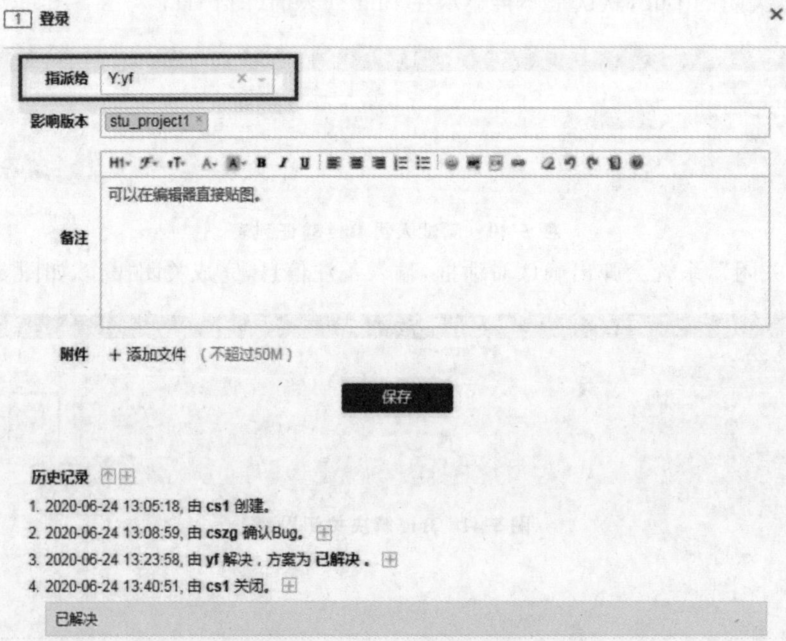

图 5-43　激活 Bug 编辑界面

⑯查看统计报表。

测试管理的一个重要工作就是统计报表,直接来看步骤:在 Bug 列表界面(图 5-44),点击界面上部的统计报表,即可出现统计报表界面,如图 5-45 所示。

图 5-44　查看 Bug 报表

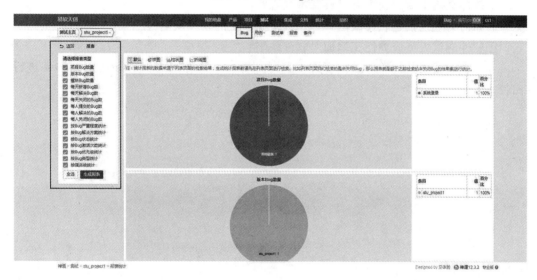

图 5-45　Bug 统计报表界面

至此,通过禅道项目管理工具,完成了学生信息管理系统用户登录界面的全流程管理。根据以上内容,可以进一步完成整个系统的项目、产品、开发、测试等管理。

在缺陷管理过程中,不论采用何种工具、方法,都应加强测试人员与研发人员之间的沟通、交流,对于那些不能重现的缺陷或者很难重现的缺陷,可请测试人员补充必要的测试用例,给出详细的测试方法和测试步骤,同时还要注意以下几点内容:

a.软件缺陷跟踪管理过程是一个不断沟通、交流的过程,软件测试人员、研发人员、项目经理等不断沟通、协调,尽量与相关各方人士协调一致;

b.测试人员在评估软件缺陷的严重性和优先级时,要根据相关标准和规范来判断,应具有独立性和权威性,尽可能与研发人员达成一致;

c.一旦缺陷处于修正状态,就需要测试人员的验证,且应围绕该缺陷进行回归测试;

d.在缺陷优先级较低、项目研发周期有限、产品急需发布的情况下,该缺陷可以推迟到下一个版本中解决;

e.只有测试人员有关闭缺陷的权限,研发人员没有。

5.4 总结与思考

本章主要讲解了软件缺陷的属性、缺陷报告和处理的规范过程,包括缺陷描述的基本信息和缺陷生命周期。除此之外,还介绍了如何正确、有效地描述软件缺陷,并借助禅道软件缺陷管理工具,结合学生信息管理系统项目,完成全流程执行操作。重点是研发人员和测试人员如何系统工作,跟踪和处理软件缺陷,以保证缺陷的顺利解决。

根据以上知识讲解和实践操作,思考以下几个问题:

①软件缺陷有哪些属性? 如何有效地管理和跟踪缺陷?

②软件缺陷生命周期中有哪些基本状态?

③如何有效地描述软件缺陷? 如何提交高质量的软件缺陷?

④软件测试人员应如何正确面对软件缺陷?

⑤安装和试用其他软件缺陷管理工具,如 Mantis、Bugzilla、EasyBug、Jira 等,并进行比较。

第6章 软件测试质量分析报告

软件测试质量分析报告是测试评价、项目总结的输出物的总称,包括测试报告、缺陷报告、测试总结三个部分。本章根据前面章节的测试记录数据进行软件测试质量分析报告开发的实践讲解,使学生了解报告数据的来源、报告编写要求、数据的整理规则、报告结论的定义等。

6.1 测 试 任 务

6.1.1 实践目标

①理解软件测试质量分析的内容,掌握软件测试质量分析的方法;
②独立编写测试报告、缺陷报告、测试总结;
③掌握测试项目归档的必要文件清单。

6.1.2 实践环境

硬件环境:客户端电脑、服务器端电脑。
软件环境:Windows 7 操作系统、Office 软件、LoadRunner V12.02。
被测系统:学生信息管理系统。

6.1.3 任务描述

以"学生信息管理系统 V1.0"为测试对象进行测试活动,整理测试过程记录,生成测试报告、缺陷报告、测试总结,并完成测试项目归档。
①收集测试过程记录文件,包括项目任务书、测试方案、测试计划、需求确认表、测试环境清单、测试用例、缺陷记录、性能效率结果原始记录等;
②根据过程记录文件编写、审核测试报告;
③根据缺陷记录编写、审核缺陷报告;
④根据测试活动实际执行情况和相关记录完成测试总结;
⑤完成测试项目归档。

测试报告和
缺陷报告

6.2 知 识 准 备

软件测试质量分析是指测试评价和项目总结,通过软件测试质量分析生成测试报告、缺陷报告、测试总结文件。测试总结介绍详见第2章2.1.1小节。

6.3 任 务 实 施

6.3.1 任务流程

质量分析报告开发流程如图6-1所示。

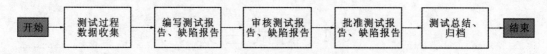

图6-1 质量分析报告开发流程

6.3.2 任务步骤

(1)测试过程数据收集

报告编写前,报告编写人员需要收集以下材料:

①客户文档集;

②测试文档集;

③环境信息;

④测试执行原始记录。

(2)编写报告

①编写报告基本信息;

②编写功能性部分;

③编写性能效率部分;

④完成全部测试报告初稿;

⑤分析缺陷记录,测试项目负责人指定分析方向,编写人完成缺陷报告初稿。

(3)审核、批准报告

①测试项目负责人审核测试报告、缺陷报告;

②测试经理批准测试报告、缺陷报告。

（4）测试总结、归档

①测试项目负责人编写测试总结报告；

②测试项目负责人组织测试总结会议；

③测试项目文件归档，项目完结。

6.3.3　任务指导

6.3.3.1　测试过程数据收集

任务名称：收集测试过程数据。

执行人员：测试执行人员。

执行节点：测试实施完成后，报告编写前。

文件来源：测试组成员。

文件范围：

①测试任务客户需求文档、开发文档。

②测试分析后的需求文档：项目任务书、测试方案、测试计划、需求确认表。

③环境信息：测试环境清单。

④功能测试执行记录：测试用例、缺陷记录。

⑤收集性能效率执行记录：测试用例、Mercury LoadRunner 运行脚本和结果原始记录、缺陷记录。

⑥收集其他非功能测试执行记录：测试用例、缺陷记录。

文件作用：

①报告审核、批准人员的审核依据文件：测试任务客户需求文档、开发文档；测试分析后的需求确认表、执行记录。

②报告内容来源：测试分析后的需求文档、环境信息、测试用例、缺陷记录、Mercury LoadRunner 运行脚本和结果原始记录。

6.3.3.2　测试报告编写

测试报告内容包含封面、报告声明、基本信息表、项目概述、测试对象、测试过程、测试结果、测试结论八个部分，各部分内容均需有过程记录数据作为支撑，报告内容不得脱离测试过程记录数据。

（1）制作封面

执行人员：测试执行人员。

封面内容：报告名称、被测软件名称及版本、测试类型、报告编号、申请方、报告日期、测试单位名称。

信息来源：被测软件名称及版本、测试类型、报告编号、申请方信息来源于项目任务书；报告名称、测试单位名称根据测试单位实际情况填写；报告日期一般按提交报告审核日期后 3 个工作日填写，即预留 3 天审核时间。

输出封面（图 6-2）：

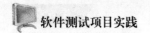

测试报告

软件名称　　学生信息管理系统

版　本　号　　　V1.0

测试类型　　　验收测试

报告编号　　　×××

申　请　方　　　李××

报告日期　二〇二〇年七月三十一日

×××　公　司

图 6-2　封面

(2)制作报告声明

执行人员:测试执行人员。

声明内容:结果仅与被测软件有关;除全文复制外,不得部分复制报告;签字生效等。在此提示,报告声明的目的是在一定程度上保护测试人员的权益,是否制作报告声明根据实际需求定义。

信息来源:一般企业均有固定模板,根据测试项目的实际情况可以适当调整。

输出报告声明(图 6-3):

报告声明

1.报告对被测软件版本和测试环境、测试数据当时的状态有效。

2.本报告不得部分复制使用,不得对相关内容擅自进行增加、修改、删减、伪造或掩盖事实。

3.本报告仅用于企业内部的质量控制,对社会不具备证明作用。

4.本报告未经批准人签名或签章无效。

5.本报告涂改无效。

图 6-3　报告声明

（3）填写基本信息表

执行人员：测试执行人员。

基本信息表内容：被测软件信息、申请方信息、测试方信息、测试要求信息、审核信息等。

信息来源：被测软件信息、申请方名称、测试方名称、开发方、送测日期、测试类型、测试参数来源于项目任务书；联系人信息来源于测试通信录。

输出基本信息表，如表 6-1 所示。

表 6-1　　　　　　　　　　　　　　　基本信息表

软件名称		学生信息管理系统	版本号	V1.0
申请方	申请方名称	李××	联系人	李××
	联系电话	131……	电子邮箱	×@××.com
测试方	测试方名称	张××		
	联系电话	131……	电子邮箱	×@××.com
开发方		研发一部（三组）		
送测日期		2020-07-01	完成日期	2020-07-31
测试类型		验收测试		
测试参数		功能性、性能效率、易用性、兼容性、信息安全性、用户文档集		
测试人员		孙××、宋××	日期	2020-07-31
审核人员		王××	日期	2020-07-31
批准人员		张××	签字	

（4）项目概述

执行人员：测试执行人员。

项目概述内容：系统介绍、测试标准（适用时）、测试依据、测试工具、测试地点等。

信息来源：

①系统介绍来源于测试人员对软件文档（需求规格说明书、用户手册等）和系统的分析，汇总系统的作用；介绍系统主要功能，参考需求确认表中的功能范围，列举软件的主要功能项即可。

②测试标准（适用时）、测试依据来源于需求确认表，其中需求确认表中指定了测试范围和测试准出原则。

③测试工具、测试地点（适用时）来源于测试环境清单，其中测试工具包括测试活动中使用到的所有工具信息，如浏览器、性能测试工具、安全测试工具、接口测试工具等，服务器、客户端可以作为测试环境统计，不列为测试工具。

输出项目概述（图 6-4）：

系统介绍

　　"学生信息管理系统 V1.0",可以统计和管理在读学生的学籍、成绩等信息,实现学生学籍信息和成绩管理工作的系统化。主要功能包括教师管理、班级管理、学生学籍管理、课程设置管理、开课表管理、学生成绩管理等。

测试标准

　　《系统与软件工程 系统与软件质量要求和评价(SQuaRE)第 51 部分:就绪可用软件产品(RUSP)的质量要求和测试细则》(GB/T 25000.51—2016)。

测试依据

　　1.学生信息管理系统——需求规格说明书 V1.0。

　　2.学生信息管理系统——需求确认表 V1.0。

测试工具

　　Micro Focus LoadRunner V12.02、Mozilla Firefox V73.0.1 浏览器、Internet Explorer 11 浏览器。

测试地点

　　×××省×××市×××路×××号×××公司

图 6-4　项目概述

（5）测试对象

执行人员:测试执行人员。

测试对象内容:测试内容、测试要求等。

信息来源:

①测试内容来源于需求确认表中的测试参数;

②测试需求为客户需求,来源于需求确认表中的测试范围。

输出测试对象(图 6-5):

测试内容

　　1.对软件的功能性、性能效率、易用性、兼容性、信息安全性进行测试。

　　2.对用户文档集进行审阅,内容包括可用性、完备性、正确性、一致性、易理解性等。

功能测试要求

需求编号	测试要求
XQ1	管理员子系统—教师管理
XQ2	管理员子系统—班级管理
XQ3	管理员子系统—学生学籍管理
XQ4	管理员子系统—课程设置管理
XQ5	管理员子系统—开课表管理
XQ6	管理员子系统—学生成绩统计
XQ7	管理员子系统—修改密码
XQ8	教师子系统—个人信息查询

续表

需求编号	测试要求
XQ9	教师子系统—学生学籍查询
XQ10	教师子系统—学生成绩管理
XQ11	教师子系统—修改密码
XQ12	学生子系统—个人信息查询
XQ13	学生子系统—成绩查询
XQ14	学生子系统—修改密码
XQ15	系统登录 & 退出—系统登录
XQ16	系统登录 & 退出—退出系统

性能效率测试要求

需求编号	测试要求
XQ17	系统登录平均响应时间不超过 3s
XQ18	系统支持 20 个用户在线访问
XQ19	系统支持 5 个用户并发操作

其他非功能测试要求

需求编号	测试要求
XQ20	易用性方面:通过使用主流的浏览器/服务器架构,保证用户使用本系统的易用性良好
XQ21	兼容性方面:通过系统设计以及兼容性框架设计,满足对主流浏览器兼容的要求
XQ22	安全性方面:系统对敏感信息(例如用户密码)进行相关加密
XQ23	UI界面方面:界面简洁明快,用户体验良好,提示友好,必要的变动操作有"确认"环节等

图 6-5 测试对象

(6)测试环境

执行人员:测试执行人员。

测试环境内容:服务器配置、客户端配置、网络信息、其他运行被测软件所需的环境信息。包括 PC 机的型号、CPU、内存、硬盘等硬件信息和操作系统、数据库、Web 服务、浏览器、测试工具、杀毒软件等软件信息,以及网络信息等。需要注意的是,测试环境是测试的基础,不同环境下对软件的测试结果可能会有差异,尤其是性能测试等非功能测试对环境的依赖性特别大,所以获取测试环境信息时需要谨慎对待。

信息来源:环境信息来源于测试环境清单,测试环境清单信息在条件允许的情况下,可以由测试执行人员自行记录,如果涉及保密信息或其他限制条件,环境信息可以由环

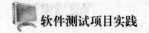

境信息负责人员(开发、用户、配置人员等)提供,测试项目负责人核实确认。

输出测试环境:根据测试计划,本案例由测试执行人员执行部分功能测试和性能测试,由测试设计人员执行部分功能测试和其他非功能测试,并且本案例为单机环境,所以测试环境信息输出如表 6-2 所示。

表 6-2 　　　　　　　　　　　　　　　测试环境

测试机一	描述	PC 机
	标识	127.0.0.1
	硬件	型号:Lenovo ThinkPad CPU:Intel Core i5-4300U @ 1.50 GHz 2.49 GHz 内存:12GB。硬盘:500GB
	软件	操作系统:Microsoft Windows 7 数据库:MySQL V5.7.14 Web 服务:Tomcat apache V2.4.23 浏览器:Mozilla Firefox V73.0.1、Internet Explorer 11 其他:360 杀毒软件 V5.0
测试机二	描述	PC 机
	标识	127.0.0.1
	硬件	型号:Lenovo ThinkPad CPU:Intel Core i5-4300U @ 1.50 GHz 2.49 GHz 内存:12GB。硬盘:500GB
	软件	操作系统:Microsoft Windows 7 数据库:MySQL V5.7.14 Web 服务:Tomcat apache V2.4.23 浏览器:Mozilla Firefox V73.0.1、Internet Explorer 11 性能工具:Micro Focus LoadRunner V12.02 其他:360 杀毒软件 V5.0
访问地址		http://localhost/stu_project1/Login.php
网络类型		单机环境
其他		无

(7)测试过程

执行人员:测试执行人员。

测试过程内容:一般报告中的测试过程体现测试开展的过程,包括测试准备、测试设计、测试执行、回归测试、测试报告。测试过程是测试的整体实施状态,从全局体现测试工作。

信息来源:测试过程参考测试方案中的过程约定,根据实际情况编写具体内容。

输出测试过程(图 6-6):

测试过程如下：
测试准备：审阅被测软件的相关文档，分析待测软件，按测试规范结合用户的测试需求，拟订测试方案、测试计划，组织评审。 　　测试设计：设计测试用例、评审测试用例、准备测试环境与数据。 　　测试执行：根据测试用例要求及步骤，逐项进行测试。 　　回归测试：若测试过程中发现需要整改的缺陷，将缺陷记录提交至测试申请方，并根据整改情况进行回归测试。 　　测试报告：分析测试结果，编制测试报告，并提交审核、批准。

图 6-6　测试过程

（8）功能测试结果

执行人员：根据测试计划，本案例功能测试由测试设计人员执行偏多，可由测试设计人员编写功能测试结果。

功能测试结果的内容：包含功能性基本要求和结果明细。

本案例功能性依据《系统与软件工程 系统与软件质量要求和评价（SQuaRE）第 51 部分：就绪可用软件产品（RUSP）的质量要求和测试细则》（GB/T 25000.51—2016）中的功能性要求对软件进行测试。功能性基本要求结果明细包含测试说明、测试记录和测试结果，其中测试说明为标准要求，测试记录为执行结果，测试结果为通过、不通过、部分通过、不适用、复测后通过（适用时，即回归测试后通过）。

结果明细依据"学生信息管理系统——需求规格说明书 V1.0"的功能性要求对软件进行测试。包含功能编号、需求编号、子系统、模块、功能点、测试结果。其中功能编号与需求编号的对应关系体现客户需求的追踪关系；子系统、模块、功能点为软件实现的功能及路径体现；测试结果为通过、不通过、复测后通过（适用时，即回归测试后通过）。需要注意，测试用例与功能框架也需要追踪关系，缺陷记录和功能框架、测试用例也存在追踪关系。

信息来源：功能性基本要求中的测试说明来源于《系统与软件工程 系统与软件质量要求和评价（SQuaRE）第 51 部分：就绪可用软件产品（RUSP）的质量要求和测试细则》（GB/T 25000.51—2016）中的功能性要求；测试记录来源于功能性参数的测试用例执行的实际结果；测试结果来源于功能性参数的测试用例执行的最终结果状态。

本案例结果明细中的功能编号、需求编号、子系统、模块、功能点来源于需求确认表的附件一——功能-需求比对表，测试结果来源于功能测试用例执行的最终结果状态。

输出功能测试结果：功能性基本要求结果明细如表 6-3 所示，功能测试结果明细如表 6-4 所示。

表 6-3　　　　　　　　　　　　**功能性基本要求结果明细**

序号	测试说明	测试记录	测试结果
1	安装之后，软件的功能能否执行？是否可识别？	经检测，在本次测试环境中，该软件按照"学生信息管理系统测试环境"安装运行后，可以进入软件登录界面	通过

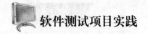

续表

序号	测试说明	测试记录	测试结果
2	在给定的限制范围内,使用相应的环境设施、器材和数据,用户文档集中所陈述的所有功能是否可执行?	经检测,在本次测试环境中,共发现了16个缺陷,其中中等程度的缺陷有10个,微小程度的缺陷有5个,建议程度的缺陷有1个,造成11个功能点未实现,功能点实现率为65.63%(注:缺陷详细描述请见缺陷报告)	不通过
3	软件是否符合产品说明所引用的任何需求文档中的全部要求?	经检测,在本次测试环境中,该软件共计32个主要功能点,未出现遗漏的功能	通过
4	软件是否自相矛盾?是否与产品说明和用户文档集矛盾?	经检测,在本次测试环境中,两种完全相同的操作产生的结果相同	通过
5	由遵循用户文档集的最终用户对软件运行进行的控制与软件的行为是否一致?	经检测,在本次测试环境中,该软件功能按照需求规格说明书实现,实际使用中的链接访问、数据查询等操作结果正确	通过

表 6-4   功能测试结果明细

功能编号	需求编号	子系统	模块	功能点	测试结果
GN1	XQ1	管理员子系统	教师管理	查询	通过
GN2	XQ1	管理员子系统	教师管理	添加	不通过
GN3	XQ1	管理员子系统	教师管理	删除	不通过
GN4	XQ1	管理员子系统	教师管理	修改	通过
GN5	XQ2	管理员子系统	班级管理	查询	通过
GN6	XQ2	管理员子系统	班级管理	添加	通过
GN7	XQ2	管理员子系统	班级管理	删除	通过
GN8	XQ2	管理员子系统	班级管理	修改	通过
GN9	XQ3	管理员子系统	学生学籍管理	查询	通过
GN10	XQ3	管理员子系统	学生学籍管理	添加	不通过
GN11	XQ3	管理员子系统	学生学籍管理	删除	通过
GN12	XQ3	管理员子系统	学生学籍管理	修改	通过
GN13	XQ4	管理员子系统	课程设置管理	查询	通过
GN14	XQ4	管理员子系统	课程设置管理	添加	不通过
GN15	XQ4	管理员子系统	课程设置管理	删除	不通过
GN16	XQ4	管理员子系统	课程设置管理	修改	不通过

续表

功能编号	需求编号	子系统	模块	功能点	测试结果
GN17	XQ5	管理员子系统	开课表管理	查询	通过
GN18	XQ5	管理员子系统	开课表管理	添加	通过
GN19	XQ5	管理员子系统	开课表管理	删除	通过
GN20	XQ5	管理员子系统	开课表管理	修改	不通过
GN21	XQ6	管理员子系统	学生成绩统计	查询	通过
GN22	XQ7	管理员子系统	修改密码	修改	不通过
GN23	XQ8	教师子系统	个人信息查询	展示	通过
GN24	XQ9	教师子系统	学生学籍查询	查询	通过
GN25	XQ10	教师子系统	学生成绩管理	查询	通过
GN26	XQ10	教师子系统	学生成绩管理	保存	不通过
GN27	XQ11	教师子系统	修改密码	修改	通过
GN28	XQ12	学生子系统	个人信息查询	展示	不通过
GN29	XQ13	学生子系统	成绩查询	查询	通过
GN30	XQ14	学生子系统	修改密码	修改	通过
GN31	XQ15	系统登录 & 退出	系统登录	登录	不通过
GN32	XQ16	系统登录 & 退出	退出系统	退出	通过

(9)性能效率结果

执行人员:根据测试计划,本案例性能效率测试由测试执行人员执行,其结果由测试执行人员负责编写。

性能效率结果的内容:本案例性能效率依据"学生信息管理系统——需求规格说明书 V1.0"的性能要求对软件进行测试。性能效率结果明细包含测试需求、测试策略、测试方法、业务步骤、测试结果、测试结论。其中测试需求为客户需求,测试策略、测试方法为性能测试的设计,业务步骤为性能测试的执行,测试结果为通过、不通过、复测后通过(适用时,即回归测试后通过),测试结论为性能测试的总结和结果情况说明。

信息来源:测试需求来源于需求确认表;测试策略、测试方法、业务步骤来源于测试方案和性能效率测试用例;测试结果来源于性能执行结果记录;测试结论来源于性能效率测试用例执行的最终测试结果。

输出性能效率结果:此处只展示 XQ17 的测试结果明细,如图 6-7 所示。

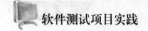

7. 测试需求

需求编号	测试要求
XQ17	系统登录平均响应时间不超过 3s

8. 测试策略

使用 LoadRunner 检测该软件在单个用户执行"登录"操作情况下,"登录"操作的最短响应时间、平均响应时间、最长响应时间、事务总数、成功事务数、失败事务数、停止事务数、事务成功率。

9. 测试方法

(1)使用 1 台测试机,模拟单个用户,采用静态加压方式,测试持续 300s;

(2)获取和分析产生的测试结果。

10. 业务步骤

(1)使用浏览器模拟的方法在 IE11 浏览器中输入访问地址 http://localhost/stu_project1/Login.php,进入系统登录界面;

(2)输入用户名和密码,登录系统,进入系统首页待页面数据显示完毕。

＊计时说明:统计的平均响应时间为步骤(2)的系统平均响应时间。

11. 测试结果

测试项		用户数/个
		1
"登录"响应时间	最短响应时间/s	0.036
	平均响应时间/s	0.043
	最长响应时间/s	0.583
事务总数/个		6816
成功事务数/个		6816
失败事务数/个		0
停止事务数/个		0
事务成功率/%		100
CPU 平均占用率/%		42.84

12. 测试结论

经检测,模拟单个用户执行"登录"操作时,页面最短响应时间为 0.036s,平均响应时间为 0.043s,最长响应时间为 0.583s;事务总数为 6816 个,成功事务数为 6816 个,失败事务数为 0 个,停止事务数为 0 个,事务成功率为 100%;CPU 平均占用率为 42.84%。"登录"操作的平均响应时间不超过 3s,测试结果通过。

图 6-7 性能效率结果明细

182

（10）兼容性测试结果

执行人员：根据测试计划，本案例兼容性测试由测试设计人员执行，其结果由测试设计人员编写。

兼容性测试结果的内容：本案例兼容性依据《系统与软件工程 系统与软件质量要求和评价（SQuaRE）第 51 部分：就绪可用软件产品（RUSP）的质量要求和测试细则》（GB/T 25000.51—2016）中的兼容性要求和"学生信息管理系统——需求规格说明书 V1.0"中的兼容性需求对软件进行测试。兼容性测试结果明细包含测试说明、测试记录和测试结果，其中测试说明为标准要求和需求要求，测试记录为执行结果，测试结果为通过、不通过、部分通过、不适用、复测后通过（适用时，即回归测试后通过）。

信息来源：兼容性测试要求中的测试说明来源于《系统与软件工程 系统与软件质量要求和评价（SQuaRE）第 51 部分：就绪可用软件产品（RUSP）的质量要求和测试细则》（GB/T 25000.51—2016）和需求确认表中的兼容性要求；测试记录来源于兼容性参数的测试用例执行的实际结果；测试结果来源于兼容性参数的测试用例执行的最终结果状态。

输出兼容性测试结果：兼容性测试结果明细如表 6-5 所示。

表 6-5　　　　　　　　　　　　　　　**兼容性测试结果明细**

序号	测试说明	测试记录	测试结果
1	如果用户可以进行安装操作，软件是否提供了一种方式来控制已安装组件的兼容性？	该软件在"学生信息管理系统——需求规格说明书 V1.0"中说明了已安装组件的兼容性	通过
2	软件是否按照用户文档集和产品说明中所定义的兼容性特征来执行？	该软件按照"学生信息管理系统测试环境"中所定义的兼容性特征来执行	通过
3	如果软件需要提前配置环境和参数，以执行已定义的兼容性，用户文档集中是否明确说明？	该软件不需要提前配置环境和参数，以执行已定义的兼容性	不适用
4	用户文档集中是否明确指明兼容性、功能、数据或流的类型？	该软件"学生信息管理系统——需求规格说明书 V1.0"中明确指明兼容性、功能、数据或流的类型	通过
5	软件是否能识别出哪个组件负责兼容性？	该软件无组件负责兼容性	不适用
6	如果用户可以进行安装操作，且软件在安装时对组件有共存性的约束条件，是否在安装前予以明示？	该软件无组件共存性的约束条件	不适用
7	XQ21 通过系统设计以及兼容性框架设计，满足对主流浏览器兼容的要求	该软件可以使用 Mozilla Firefox V73.0.1 浏览器和 Internet Explorer 11 浏览器进行访问	通过

(11)易用性测试结果

执行人员:根据测试计划,本案例易用性测试由测试设计人员执行,其结果由测试设计人员编写。

易用性测试结果的内容:本案例易用性依据《系统与软件工程 系统与软件质量要求和评价(SQuaRE)第 51 部分:就绪可用软件产品(RUSP)的质量要求和测试细则》(GB/T 25000.51—2016)中的易用性要求和"学生信息管理系统——需求规格说明书 V1.0"中的易用性需求对软件进行测试。易用性测试结果明细包含测试说明、测试记录和测试结果,其中测试说明为标准要求和需求要求,测试记录为执行结果,测试结果为通过、不通过、部分通过、不适用、复测后通过(适用时,即回归测试后通过)。

信息来源:易用性测试要求中的测试说明来源于《系统与软件工程 系统与软件质量要求和评价(SQuaRE)第 51 部分:就绪可用软件产品(RUSP)的质量要求和测试细则》(GB/T 25000.51—2016)和需求确认表中的易用性要求;测试记录来源于易用性参数的测试用例执行的实际结果;测试结果来源于易用性参数的测试用例执行的最终结果状态。

输出易用性测试结果:易用性测试结果明细如表 6-6 所示。

表 6-6 易用性测试结果明细

序号	测试说明	测试记录	测试结果
1	用户在看到产品说明或者第一次使用软件后,是否能确认产品或系统符合其要求?	该软件各项功能易于辨识	通过
2	有关软件执行的各种问题、消息和结果是否易理解?XQ23 界面提示友好	该软件界面、提示、消息、结果易于识别和理解	通过
3	每个软件出错消息是否指明如何改正差错或向谁报告差错?	该软件为开源软件	不适用
4	出自软件的消息是否设计成使最终用户易于理解的形式?	该软件的消息以提示框的形式展示	通过
5	屏幕输入格式、报表和其他输出对用户来说是否清晰且易理解?	该软件光标可正常定位在输入域内,可以完成正常的输入;操作方式符合用户一般习惯;界面无乱字符出现	通过
6	对具有严重后果的功能执行是否是可撤销的,或者软件是否给出这种后果的明显警告,并且在这种命令执行前要求确认?XQ23 界面必要的变动操作有"确认"环节	该软件对删除等具有严重后果的操作具有提示,并请求用户确认	通过
7	借助用户接口、帮助功能或用户文档集提供的手段,最终用户是否能够学习如何使用某一功能?	该软件"学生信息管理系统——需求规格说明书 V1.0"中提供了相关功能的使用说明	通过
8	当执行某一功能时,若响应时间超出通常预期限度,软件是否告知最终用户?	该软件响应时间超出通常预期限度,软件告知用户	通过

序号	测试说明	测试记录	测试结果
9	每一元素(数据媒体、文件等)是否带有产品标识? 如果有两种以上的元素,是否附上标识号或标识文字?	该软件元素(安装程序、需求规格说明书)带有产品标识	通过
10	用户界面是否使用户感觉愉悦和满意? XQ23 界面简洁明快,用户体验良好	该软件用户界面整洁,易于操作	通过
11	XQ20 通过使用主流的浏览器/服务器架构,保证用户使用本系统的易用性良好	该软件在浏览器中输入访问地址 http://localhost/stu _ project1/Log-in.php 可以访问软件	通过

(12)信息安全性测试结果

执行人员:根据测试计划,本案例信息安全性测试由测试设计人员执行,其结果由测试设计人员编写。

信息安全性测试结果的内容:本案例信息安全性依据《系统与软件工程 系统与软件质量要求和评价(SQuaRE) 第 51 部分:就绪可用软件产品(RUSP)的质量要求和测试细则》(GB/T 25000.51—2016)中的信息安全性要求和"学生信息管理系统——需求规格说明书 V1.0"中的信息安全性需求对软件进行测试。信息安全性测试结果明细包含测试说明、测试记录和测试结果,其中测试说明为标准要求和需求要求,测试记录为执行结果,测试结果为通过、不通过、部分通过、不适用、复测后通过(适用时,即回归测试后通过)。

信息来源:信息安全性测试要求中的测试说明来源于《系统与软件工程 系统与软件质量要求和评价(SQuaRE) 第 51 部分:就绪可用软件产品(RUSP)的质量要求和测试细则》(GB/T 25000.51—2016)和需求确认表中的信息安全性要求;测试记录来源于信息安全性参数的测试用例执行的实际结果;测试结果来源于信息安全性参数的测试用例执行的最终结果状态。

输出信息安全性测试结果:信息安全性测试结果明细如表 6-7 所示。

表 6-7 信息安全性测试结果明细

序号	测试说明	测试记录	测试结果
1	软件是否按照用户文档集中定义的信息安全性特征来运行?	该软件按照"学生信息管理系统——需求规格说明书 V1.0"中定义的信息安全性特征来运行	通过
2	软件是否能防止对程序和数据的未授权访问?	该软件通过验证用户名和密码的方式来防止非法使用	通过
3	软件是否能识别出对结构数据库或文件完整性产生损害的事件,是否能阻止该事件,是否能通报给授权用户?	该软件无此项需求	不适用

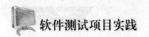

续表

序号	测试说明	测试记录	测试结果
4	软件是否能按照信息安全要求,对访问权限进行管理?	该软件设定了不同权限的操作用户	通过
5	软件是否能对保密数据进行保护,是否只允许授权用户访问?	该软件提供了安全保密功能,不同类型的用户可具有不同的操作权限	通过
6	XQ22 系统对敏感信息(例如用户密码)进行相关加密	系统中用户密码等敏感信息未加密存储	不通过

(13)用户文档集测试结果

执行人员:根据测试计划,用户文档集测试结果由测试设计人员编写。

用户文档集测试结果的内容:本案例用户文档集依据《系统与软件工程 系统与软件质量要求和评价(SQuaRE) 第 51 部分:就绪可用软件产品(RUSP)的质量要求和测试细则》(GB/T 25000.51—2016)中的用户文档集要求对软件文档进行检查。用户文档集测试结果明细包含测试说明、测试记录和测试结果,其中测试说明为标准要求,测试记录为执行结果,测试结果为通过、不通过、部分通过、不适用、复测后通过(适用时,即回归测试后通过)。

信息来源:用户文档集测试要求中的测试说明来源于《系统与软件工程 系统与软件质量要求和评价(SQuaRE) 第 51 部分:就绪可用软件产品(RUSP)的质量要求和测试细则》(GB/T 25000.51—2016);测试记录来源于用户文档集参数的测试用例执行的实际结果;测试结果来源于用户文档集参数的测试用例执行的最终结果状态。

输出用户文档集测试结果:用户文档集测试结果明细如表 6-8 所示。

表 6-8　　　　　　　　　　用户文档集测试结果明细

序号		测试说明	测试记录	测试结果
1	可用性	用户文档集对该软件用户是否是可用的?	用户文档集对该软件用户是可用的	通过
2	内容	用户文档集包括的功能是否是可测试的或可验证的?	用户文档集包括的功能是可测试的	通过
3	标识和标示	用户文档集是否显示唯一的标识?	用户文档集具有唯一的标识	通过
		用户文档集是否包含了供方的名称和邮政或网络地址?	该软件为开源软件	不适用
		用户文档集是否标识了软件能完成的预期工作任务和服务?	用户文档集标识了软件能完成的预期工作任务和服务	通过

续表

序号		测试说明	测试记录	测试结果
4	完备性	用户文档集是否包含使用该软件必要的信息?	用户文档和"学生信息管理系统测试环境"中包括了软件运行环境、软件安装、功能及操作说明,内容基本完整	通过
		用户文档集是否说明在产品说明中陈述的所有功能以及最终用户能调用的所有功能?	用户文档集说明了最终用户所能调用的99%的功能	部分通过
		用户文档集是否列出已处理处置、会引起应用系统失效或终止的差错和缺陷?	该软件未发生此类现象	不适用
		用户文档集是否给出必要数据的备份和恢复指南?	该软件无此需求	不适用
		对于所有关键的软件功能(即失效后会对安全产生影响或造成重大财产损失或社会损失的软件),用户文档集是否提供完备的指导信息和参考信息?	该软件无此需求	不适用
		用户文档集是否陈述了安装所要求的最小磁盘空间?	用户文档集陈述了安装所要求的最小内存为4GB	通过
		对用户要执行的应用管理职能,用户文档集是否包括所有必要的信息?	对用户要执行的应用管理职能,用户文档集包括了所有必要的信息	通过
		如果用户文档集分若干部分提供,在该集合中是否至少有一处应标识出所有的部分?	该软件只有"需求规格说明书"一个文档	不适用
5	正确性	用户文档集中的所有信息对主要的目标用户是否是恰当的?	用户文档集中信息对主要目标用户是恰当的	通过
		用户文档集中的信息是否有歧义?	用户文档集中的信息无歧义	通过
6	一致性	用户文档集中的各文档是否不自相矛盾、相互矛盾以及与产品说明矛盾?	用户文档集中内容不自相矛盾	通过
7	易理解性	用户文档集是否采用该软件特定读者可理解的术语和文体,使其容易被最终用户群理解?	用户文档集采用了该软件特定读者可理解的术语和文体,易于理解	通过
		用户文档集是否提供经编排的文档清单为用户理解提供便利?	该软件只有"需求规格说明书"一个文档	不适用

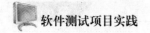

(14)测试结论

执行人员:测试执行人员。

测试结论内容:测试总结和测试结果。其中测试总结为软件介绍、测试任务来源、测试时间、测试依据、测试范围等,测试结果为需求测试结果和测试参数结果的汇总。

信息来源:软件介绍、测试任务来源、测试时间、测试依据、测试范围是根据报告中的"基本信息表"内容进行的汇总;需求测试结果和测试参数结果是根据报告中的测试结果数据进行的汇总。

输出测试结论(图 6-8):

"学生信息管理系统 V1.0"可以统计和管理在读学生的学籍、成绩等信息,实现学生学籍信息和成绩管理工作的系统化。主要功能包括教师管理、班级管理、学生学籍管理、课程设置管理、开课表管理、学生成绩管理等。

张××收到李××的申请,于 2020 年 7 月 1 日至 2020 年 7 月 31 日,对"学生信息管理系统 V1.0"软件进行信息化软件测试。本次测试主要从功能性、性能效率、兼容性、易用性、信息安全性、用户文档集6 个方面进行测试。

功能性需求测试结果:

需求编号	测试要求	测试结果
XQ1	管理员子系统—教师管理	不通过
XQ2	管理员子系统—班级管理	通过
XQ3	管理员子系统—学生学籍管理	不通过
XQ4	管理员子系统—课程设置管理	不通过
XQ5	管理员子系统—开课表管理	不通过
XQ6	管理员子系统—学生成绩统计	通过
XQ7	管理员子系统—修改密码	不通过
XQ8	教师子系统—个人信息查询	通过
XQ9	教师子系统—学生学籍查询	通过
XQ10	教师子系统—学生成绩管理	不通过
XQ11	教师子系统—修改密码	通过
XQ12	学生子系统—个人信息查询	不通过
XQ13	学生子系统—成绩查询	通过
XQ14	学生子系统—修改密码	通过
XQ15	系统登录 & 退出—系统登录	不通过
XQ16	系统登录 & 退出—退出系统	通过

性能效率需求测试结果:

需求编号	测试要求	测试结果
XQ17	系统登录平均响应时间不超过 3s	通过
XQ18	系统支持 20 个用户在线访问	通过
XQ19	系统支持 5 个用户并发操作	通过

其他非功能性需求测试结果：

需求编号	测试要求	测试结果
XQ20	易用性方面：通过使用主流的浏览器/服务器架构，保证用户使用本系统的易用性良好	通过
XQ21	兼容性方面：通过系统设计以及兼容性框架设计，满足对主流浏览器兼容的要求	通过
XQ22	安全性方面：系统对敏感信息（例如用户密码）进行相关加密	不通过
XQ23	UI界面方面：界面简洁明快，用户体验良好，提示友好，必要的变动操作有"确认"环节等	通过

根据"学生信息管理系统——需求规格说明书 V1.0"中的软件功能要求及其他测试参数进行测试。该软件基本满足"学生信息管理系统——需求确认表 V1.0"，测试结果概述如下：

序号	测试参数	测试结果	序号	测试参数	测试结果
1	功能性	不通过	4	易用性	通过
2	性能效率	通过	5	信息安全性	不通过
3	兼容性	通过	6	用户文档集	不通过

测试结果：不通过

图 6-8　测试结论

（15）其他

编写测试报告时，格式也是很重要的，要求全文相同类型的文本格式保持一致。报告内容编写完成后，检查页眉、页脚，检查页码，更新目录，使用办公软件自带的"拼写和语法"检查功能检查全文。

6.3.3.3　缺陷报告编写

缺陷报告由缺陷分析和缺陷记录组成。

（1）缺陷分析

执行人员：测试执行人员。

缺陷分析内容：本案例从缺陷等级、缺陷分布、缺陷类型三方面内容对缺陷进行分析。

信息来源：测试执行过程中的缺陷记录。

输出缺陷分析图：本案例中，缺陷等级如图 6-9 所示；缺陷分布如图 6-10 所示；缺陷类型如图 6-11 所示。

按缺陷等级分析		
等级	数量 / 个	占比 / %
致命	0	0.00
严重	0	0.00
一般	11	64.71
微小	5	29.41
建议	1	5.88

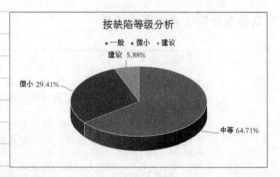

图 6-9　按缺陷等级分析

按缺陷分布分析	
模块	数量
开课表管理	1
课程设置管理	4
系统登录	3
教师管理	3
修改密码	3
个人信息查询	1
学生成绩管理	1
学生学籍管理	1

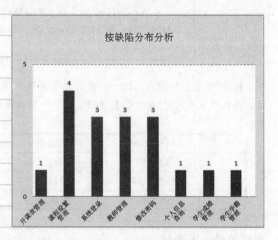

图 6-10　按缺陷分布分析

按缺陷类型分析	
类型	数量
功能性	15
信息安全性	1
用户文档集	1

图 6-11　按缺陷类型分析

（2）缺陷记录

执行人员：测试执行人员。

缺陷记录内容：缺陷报告中为缺陷摘要信息，主要使用人员为用户。所以缺陷报告中应体现用户比较关心的信息，例如：缺陷对应的业务，即功能路径子系统、模块、功能点；缺陷是哪方面的，即缺陷类型；缺陷表现，即缺陷描述；缺陷的严重程度，即缺陷等级；缺陷是否修复，即缺陷状态。需注意，缺陷记录一般需要软件失效的外在表现截图辅助说明。

信息来源：测试执行过程中的缺陷记录。

输出缺陷记录：以本案例的管理员修改开课表业务为例，缺陷记录如表 6-9 所示。

表 6-9　　　　　　　　　　　　　　　缺陷记录

缺陷编号	功能编号	缺陷类型	子系统	模块	功能点	缺陷描述	缺陷等级	缺陷状态
QX1	GN20	功能性	管理员子系统	开课表管理	修改	进入"开课表管理"页面，选择开课表数据后，点击"修改"按钮，系统会提示"删除成功"，功能有偏差	中等	打开

6.3.3.4　报告审核、批准

（1）报告审核

执行人员：测试项目负责人。

审核内容：测试报告和缺陷报告。测试报告主要审核点：报告格式、报告内容、报告结论，需通篇阅读报告。缺陷报告主要审核点：缺陷报告格式、缺陷与功能框架的追踪关系、缺陷描述、缺陷等级等。

审核依据：报告编写人员提交报告审核时，需将测试过程记录一起提交。审核依据为测试任务客户需求文档、开发文档，测试分析后的需求确认表、执行记录等。

审核提交：审核通过后由测试项目负责人提交批准报告。

（2）报告批准

执行人员：测试经理。

批准内容：测试报告和缺陷报告。测试报告主要批准点：报告类型、标准依据、测试参数、测试流程、测试结论、是否偏离政策法规要求等。缺陷报告主要批准点：缺陷状态、缺陷等级等。

批准依据：测试项目负责人提交批准报告时，需将测试过程记录一起提交。审核依据为测试任务客户需求文档、开发文档，测试分析后的需求确认表、执行记录等，企业体系文件、国家法律法规、企业资质范围等。

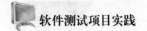

批准报告:报告批准后交报告颁发人员颁发。根据企业情况,颁发人员可以是商务人员、项目负责人等。需要注意,批准签字时需要电子打印批准人姓名,并签字,以便更好地识别批准人信息。

6.3.3.5 测试总结、归档

测试总结、归档是测试组内项目结束的标志。

(1)测试总结

组织形式:测试组会议或部门会议。

组织人员:测试项目负责人。

参与人员:测试组成员、测试经理、其他相关人员。

执行人员:测试执行人员。

测试总结内容:测试总结活动需要对测试整体过程进行总结,包括项目启动,测试准备,测试实施,测试评价,项目总结、归档的实施情况、沟通情况、文档情况、风险等;针对各核查点确认实际情况、发生原因、现场解决方案、改进措施。其中如果实际情况不正常,需要填写实际情况、发生原因、现场解决方案、改进措施;如果实际情况正常,可填写满足,其他字段填写不适用;如果实际情况不涉及该项,所有字段填写不适用。

信息来源:测试项目负责人整理测试过程中记录的问题及处理方式,收集测试活动参与人员的问题和意见;测试活动概述信息来源于测试报告和测试项目任务书。

测试结论输出:输出物为会议纪要和测试总结报告。测试总结报告中的问题项由测试经理确定是否启动质量控制中的"不符合项整改措施",并由测试经理确认签字。测试总结如表 6-10 所示。

表 6-10 测试总结报告

测试总结					
					测试经理签字:
软件名称	学生信息管理系统		版本号		V1.0
送测日期	2020-07-01	要求截止时间	2020-08-01	实际完成时间	2020-07-31
测试组成员	王××、孙××、宋××		测试负责人		王××
测试阶段	问题提出	实际情况	发生原因	现场解决方案	改进措施
项目启动	信息收集是否满足后续需求?	满足	不适用	不适用	不适用
	文档收集是否满足后续需求?	满足	不适用	不适用	不适用
	通信录中信息是否满足一般需求?	满足	不适用	不适用	不适用

续表

测试阶段	问题提出	实际情况	发生原因	现场解决方案	改进措施
测试准备	测试方案是否合理？	满足	不适用	不适用	不适用
	是否实现了测试方案设定的目标？	满足	不适用	不适用	不适用
	测试计划制订得是否合理？	性能效率测试时间超过计划时间1天左右	性能测试工具LoadRunner录制脚本为空，无法回放	咨询其他技术人员、百度查找解决方案，用时6h通过对工具的设置解决了问题	1. 增加性能工具LoadRunner培训任务； 2. 将本次遇到问题的现象、原因、解决方法等录入问题管理库； 3. 维护LoadRunner售后服务联系清单，由专人管理，配合工具中的技术咨询
	资源分配是否满足要求？	满足	不适用	不适用	不适用
	软件框架图和功能框架是否全面且满足后续要求？	满足	不适用	不适用	不适用
测试实施	测试数据是否满足测试需求？	满足	不适用	不适用	不适用
	测试工具是否满足测试需求？	满足	不适用	不适用	不适用
	测试用例设计是否全面？是否完全执行？	满足	不适用	不适用	不适用
	回归测试策略是否满足要求？	不适用	不适用	不适用	不适用
	测试环境清单记录是否全面？	满足	不适用	不适用	不适用
	缺陷记录是否易于理解？缺陷是否准确？	满足	不适用	不适用	不适用
	缺陷是否全部修复？	不适用	不适用	不适用	不适用
	测试中的变更记录是否全面？执行是否合理？	不适用	不适用	不适用	不适用

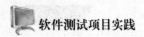

测试阶段	问题提出	实际情况	发生原因	现场解决方案	改进措施
测试评价	测试结果评价是否准确？	满足	不适用	不适用	不适用
	测试报告是否易于理解？	满足	不适用	不适用	不适用
	缺陷报告是否满足质量分析要求？	满足	不适用	不适用	不适用
	测试任务是否延误？	无	不适用	不适用	不适用
项目总结、归档	测试总结是否需要更新？	满足	不适用	不适用	不适用
	归档材料是否齐全？流程是否合理？	满足	不适用	不适用	不适用
	测试总结、归档是否即时进行？	满足	不适用	不适用	不适用
其他	其他非期望的事情和风险	无	不适用	不适用	不适用

（2）测试归档

执行人员：归档文件一般由项目负责人确认，提交归档人员审核、归档。

归档内容：测试活动所有记录，包括安装程序、客户需求文档、开发文档、测试项目任务书、测试方案、测试计划、需求确认表、测试环境清单、测试用例、缺陷记录、Mercury LoadRunner 运行脚本和结果原始记录、沟通文件（指邮件、日报、周报等沟通确认记录）、说明文件（适用时，测试过程中针对某问题处理方法的说明文件）、审核记录、测试报告、缺陷报告、测试总结、其他过程文件等。

归档形式：可以为管理平台电子归档、光盘电子归档、纸质归档，一般建议电子归档和纸质归档同时进行，作为相互备份文件；文档格式要求为全部可编辑定稿文件和签字、盖章文件的扫描件。

归档输出：本案例的归档文件为安装程序、学生信息管理系统测试环境、学生信息管理系统——需求确认表 V1.0、测试项目任务书、测试方案、测试计划、需求确认表、测试环境清单、测试用例、缺陷记录、Mercury LoadRunner 运行脚本和结果原始记录、沟通文件（测试通信录）、测试报告、缺陷报告、会议纪要及测试总结报告。

6.4　总结与思考

本章以"学生信息管理系统 V1.0"为案例,通过执行该软件的测试活动,以测试活动产生的数据为基础,进行质量分析报告的开发;主要包括测试报告、缺陷报告和测试总结报告。任务实施中通过拆解每个步骤为不同子任务,逐个讲解报告内容的编写要求、依据和数据来源等,最终归档关闭整个测试任务。

通过本章的知识学习和实践操作,思考以下问题:

①性能效率的测试过程数据有哪些?

②测试报告编写的数据来源是什么?

③测试报告审核的关注点和报告批准有什么不同?

④测试活动对外和对内的"测试结束"节点是相同的吗?

第7章 Web 应用自动化测试

软件自动化测试是未来软件测试发展的方向。自动化测试是把以人为驱动的测试行为转化为机器执行的一种过程。通常,在设计了测试用例并通过评审之后,测试人员根据测试用例中描述的规程一步步执行测试,并将得到的实际结果与期望结果进行比较。在此过程中,为了节省人力、时间或硬件资源并提高测试效率,便引入了自动化测试的概念。

7.1 测 试 任 务

7.1.1 实践目标

①理解 Web 应用自动化测试技术;
②Web 应用自动化测试框架对比;
③熟悉 Selenium 自动化测试工具。

7.1.2 实践环境

硬件环境:客户端电脑、服务器端电脑。
软件环境:
Windows 7 操作系统、Office 软件、WampServer、Python3.7.3。
Web 应用自动化工具:Selenium3.141。
Python 包管理工具:pip20.1.1。
火狐浏览器:Firefox 59.0。
Eclipse 集成开发环境:Eclipse IDE for Java Developers-2020-06。

7.1.3 任务描述

本章将介绍自动化测试基础知识和 Web 应用自动化测试的基本知识,通过对目前主流的 Web 应用自动化测试框架和自动化测试工具进行对比研究,使用自动化测试工具 Selenium,按照系统自动化测试任务书要求执行自动化测试。因学生信息管理系统部分功能在本书实训指导环节无法实现自动化测试演示,故本书以百度为例进行讲解。

7.2 知 识 准 备

软件自动化测试是整个软件测试领域的重要组成部分,它可以代替人工测试高效工作,自动生成测试阶段的各种相关文档,提高测试工作的效率和软件产品的质量,并且降低测试成本。因此,软件自动化测试领域逐渐成为软件测试发展的重要方向。

Web 应用程序的测试存在着诸多问题,例如,测试中大量重复、需要投入大量的人力、非智力性的工作量越来越大,人工测试容易出错并且成本较高。为了提高测试效率、降低测试成本、缩短软件生命周期,引进了自动化测试的思想和方法,使用自动化测试技术代替重复的人工测试,不仅可节省软件测试成本、提高效率,而且可以完成许多人工测试无法完成的工作。

7.2.1 自动化测试概述

自动化测试是把以人驱动的测试行为转化为机器执行的一种过程,即模拟人工测试步骤,通过执行由程序语言编制的测试脚本,自动地完成软件的单元测试、功能测试、负载测试或性能测试等全部工作。自动化测试集中体现在实际测试被自动执行的过程,也就是由人工逐个地运行测试用例的操作过程被测试工具自动执行的过程代替。

软件测试自动化实现的基础是可以通过特定的程序(包括脚本、指令)模拟测试人员对软件系统的操作过程,如测试过程的捕获和回放,其中最重要的是识别用户界面的元素以及捕获键盘、鼠标的输入,首先将操作过程转换为测试工具可执行的脚本;然后对脚本进行修改和优化,加入测试的验证点;最后,通过测试工具运行测试脚本,将实际输出记录和预先给定的期望结果进行自动对比分析,确定是否存在差异。无论是对功能测试,还是对性能测试,自动化实现的方法都比较接近,只不过功能测试侧重功能验证,而性能测试需要模拟成千上万的虚拟用户。

自动化测试也包括动态测试和静态测试,上面介绍的是动态的自动化测试,而静态的自动化测试类似于编译系统,对计算机程序进行扫描、逐行检查,直接对代码进行语法分析、代码风格检查等,以发现不符合代码规范等问题。

自动化测试的
优缺点及适用场合

自动化测试可以极大地提升回归测试、稳定性测试和兼容性测试的工作效率,在保障产品质量等方面起到举足轻重的作用。

7.2.2 Web 应用自动化测试工具

自动化测试几乎涵盖了人工测试所有问题,Web 应用测试自动化已经成为行业趋势,在进行 Web 应用自动化测试时,使用自动化测试工具是不可避免的。所以,根据被测试软件特点、项目需求和工具特点来选择合适的自动化测试工具对项目进行自动化测试有着重大意义。自动化测试工具主要有静态测试工具、黑盒测试工具、测试管理工具、负载测试工具等。本部分主要以学生信息管理系统为例执行 Web 系统的功能自动化测试,所以这里主要介绍黑盒测试工具(功能自动化测试工具)。

人工测试通过手动准备测试用例并手动执行测试用例,很容易出现人为错误,而自动化测试是根据用户执行的操作记录各种测试用例来执行的。这为手动编写测试用例节省了大量时间,并提高了效率。引入自动化测试工具实现 Web 应用功能自动化测试将大大减少开发成本,提高测试效率。现在主流的 Web 应用自动化测试工具包括 ThoughtWorks 公司开发的 Selenium、HP 公司的 QTP、开源工具 Watir、MIT 的研究人员设计的 Sikuli 和 SmartBear 公司的 Test Complete。

①Selenium,WebUI 自动化测试 Selenium,是一个用于 Web 应用程序测试的工具,也是 Web 自动化测试工程师的首选。Selenium 测试直接运行在浏览器中,就像真正的用户在操作一样。Selenium 的主要功能包括:功能测试,通过回归测试来验证软件的功能和用户需求;兼容性测试,测试应用程序在不同操作系统以及不同浏览器中能否运行正常。Selenium 支持自动录制动作和自动生成.Net、Java、Perl 等不同语言的测试脚本。其升级版本为 Webdriver。

②QTP,WebUI 自动化测试 HP Quick Test Professional(QTP),提供符合所有主要应用软件环境的功能测试和回归测试的自动化。采用关键字驱动的理念以简化测试用例的创建和维护。它让用户可以直接录制屏幕上的操作流程,自动生成功能测试或者回归测试用例。专业的测试者也可以通过提供的内置脚本和调试环境来取得对测试和对象属性的完全控制。目前版本名为 Unified Functional Testing,简称 UFT。

③Watir,是一个基于 Ruby 库的开源的网页自动化测试工具,是一个非常轻量级的独立于技术的用于 Web 应用自动化测试的开源测试工具。Watir 支持跨浏览器测试,包括 Firefox、Opera、无头浏览器和 IE。它同样支持数据驱动测试和集成 BBD 工具,比如 RSpec、Cucumber 和 Test/Unit。

④Sikuli,是一个基于图像识别概念的开源测试工具,它能够自动处理屏幕上的任何内容,是由美国麻省理工学院开发的一种最新编程技术,使得编程人员可以使用截图替代代码,从而简化代码的编写流程。从它的研究方向上看,它是一种编程技术,但是该技术还可以用于大规模的程序测试,脚本程序编写使用的是 Python 语言。

⑤Test Complete,是 SmartBear 公司开发的一套支持自动测试软件的工具。Test Complete 为 Windows、.NET、Java 和 Web 应用程序提供了一个特性全面的自动测试环境。将开发人员和 QA 部门人员从烦琐、耗时的人工测试中解脱出来。Test Complete 测试具有系统化、自动化和结构化特性,支持.NET、Java、Visual C++、Visual Basic、Delphi、C++Builder 和 Web 应用程序。

表 7-1 对以上几个代表性的自动化工具从支持平台、支持语言等几个方面进行对比。

表 7-1 　　　　　　　　　　常用 Web 应用功能自动化工具特性比较

工具特性	Selenium	QTP	Watir	Sikuli	Test Complete
支持平台	Windows、Linux 等	只支持 Windows	Windows、Linux 等	Windows、Linux 等	只支持 Windows

续表

工具特性	Selenium	QTP	Watir	Sikuli	Test Complete
使用特性	需要一定编码基础	脚本编写容易，无须编码基础	需要编码基础，测试类型多样化	脚本编写容易，无须编码基础	脚本编写容易，支持控件多样化
支持语言	支持 Java、Python、Ruby、PHP 等	支持 VB Script，工具支持各种语言插件如 Java 等	仅支持 Ruby 语言	仅支持 Python 语言，需要搭建 Java 运行环境	仅支持 VB-Script、JScript、DelphiScript、C++、C#
脚本录制功能	有	有	有	无	有
浏览器支持	Chrome、FireFox、IE、Safari 等	Chrome、IE、Firefox 等	Chrome、IE、FireFox 等	Chrome、IE、Firefox 等	Chrome、IE、Firefox 等
工具成本	开源工具	商业工具	开源工具	开源工具	商业工具

综上，从表 7-1 可知，QTP 和 Test Complete 支持脚本的录制回放，对编码能力要求不高、简单且容易上手，但是跨平台性差、支持语言有限、浏览器不能全部支持且不是开源工具，需要购买才能充分利用其功能。Selenium、Watir 和 Sikuli 是开源工具、高跨平台性，不需要购买许可证，并且应用程序的代码可供用户进一步修改。Selenium 是一个用于 Web 应用程序测试的工具，几乎支持所有浏览器和脚本开发语言；Watir 是一种基于网页模式的自动化功能测试工具，仅支持 Ruby 脚本语言；Sikuli 的特色在于采用屏幕截图的方式来编写脚本，代码可读性好，无须太多的编程基础，但是缺点在于纯粹的图像对比只能处理预期的变化，无法应对字体、分辨率改变等问题。综上，本书将 Selenium 作为自动化测试工具是最佳选择。

7.2.3 自动化执行需要解决的问题

假如要采用自动化工具进行功能测试，那么下面三个问题必须得到重视。

(1)测试工具的选择

自动化测试工具种类繁多，各种工具的功能、性能也不尽相同。选择测试工具的首要条件就是根据自身情况，尽可能省钱、实用、适用。

选择测试工具一般可以遵循以下原则：

①工具界面友好：测试工具最直接面向的用户是测试执行人员，同其他软件一样，友好的界面能帮助测试人员快速上手。

②脚本录制方便快捷：测试脚本是自动化测试执行的"发动机"，市面上大多数测试工具都具有脚本录制功能，测试人员只需要按照测试用例把需要测试的测试点及基本流程录制下来，工具就能自动生成脚本，然后在脚本的基础上强化修改即可，这也是一种友好性的体现。作为工具，功能越强大，越容易上手，也越受用户欢迎。

③结果分析更准确:测试完成后,所选测试工具能够提供测试执行的详细结果及测试中出现的问题,能够自动统计测试成功与否。

④成本问题:根据公司经费及测试需求情况,选择商业级或者开源免费的测试工具。如果时间、技术允许,也可以自行研发测试框架。

⑤测试项目情况:选择测试工具也要根据被测项目的具体情况确定。

(2)测试脚本的编写

自动化测试与人工测试最大的不同在于测试用例的执行方式。自动化测试用例的执行是通过计算机执行测试脚本来实现的,执行过程中基本不需要人工干预。

测试脚本是保障测试工作顺利进行的基础,测试脚本的录制、编写、修改和维护是自动化测试工作的核心。

测试脚本录制、编写时要注意以下几点:

①脚本与脚本之间无直接关联,每个测试脚本都能单独运行;

②当软件测试点发生变化时,脚本的修改量要尽可能少;

③步骤和数据分离;

④提前准备测试基础数据;

⑤清楚交代测试用例执行前需要的条件及测试用例执行结果报告的保存方式;

⑥脚本要有可读性、可重用性和可维护性;

⑦每个测试用例至少有1~2套备用方案。

(3)测试用例和脚本的管理

测试用例和脚本准备完毕后的重点工作不是测试的执行,而是测试用例和脚本的管理。采用自动化测试是为了后续工作(如回归测试)的开展,以及后续更新版本的测试。测试用例和脚本的保存与管理建议使用专门的测试管理工具,建议在测试开始就采用测试管理工具来控制整个测试的工作流程。

7.2.4 自动化测试的工作流程

功能自动化测试一般是通过自动录制、检测和回放用户的应用操作,将被测系统的输出同预先给定的标准结果比较以判断系统功能是否正确实现。自动化功能测试工具能够有效地帮助测试人员对复杂的系统的功能进行测试,提高测试人员的工作效率并提升测试质量。

自动化测试的一般执行流程如图7-1所示。

(1)制订测试计划

在确认开展自动化测试之前,需要制订测试计划,明确测试对象、测试目的、测试的项目内容、测试的方法、测试的进度要求,并确保测试所需的人力、硬件、数据等资源都准备充分。

一般自动化功能测试需要在完成功能测试后执行,此时测试版本稳定,属性、功能稳定。然后根据项目的特点,选择合适的自动化测试工具,并搭建测试环境。

(2)分析测试需求

一般来讲,基于Web功能测试需要覆盖以下几个方面:

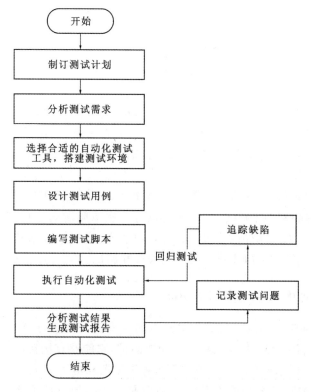

图 7-1　自动化测试执行流程

①页面链接测试,确保各个链接正常;

②页面控件测试,确保各个控件可靠;

③页面功能测试,确保各项操作正常;

④数据处理测试,确保数据显示准确,处理精确、可靠;

⑤模块业务逻辑测试,确保各个业务流程畅通。

(3)选择合适的自动化测试工具,搭建测试环境

根据被测对象的具体情况选择合适的自动化测试工具。测试环境的搭建,包括被测系统的部署、测试硬件的调用、测试工具的安装和设置、网络环境的布置等。

(4)设计测试用例

通过分析测试需求,设计出能够覆盖所有需求点的测试用例,形成专门的测试用例文档。由于不是所有的测试用例都能用自动化来执行,因此需要将能够执行自动化测试的用例进行汇总。根据实际情况也可以提取人工测试的测试用例,然后转化为自动化测试用例。

(5)编写测试脚本、执行自动化测试

根据自动化测试用例和问题的难易程度,采取适当的脚本开发方法编写测试脚本。一般先通过录制的方式获取测试所需要的页面控件,然后用结构化语句控制脚本的执行,插入检查点和异常判定反馈语句,将公共普遍的功能独立成共享脚本,必要时对数据进行参数化。当然,还可以用其他高级功能编辑脚本。脚本编写好了之后,需要反复执

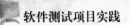

行,不断调试,直到运行正常为止。脚本的编写和命名要符合管理规范,以便统一管理和维护。

(6)分析测试结果、记录测试问题

及时对自动化测试结果进行分析,以便尽早地发现缺陷。如果采用开源自动化测试工具,建议对其进行二次开发,以便与选用的缺陷管理工具紧密结合。理想情况下,自动化测试案例运行失败后,自动化测试平台就会自动上报一个缺陷。测试人员只需每天抽出一定时间,确认这些自动上报的缺陷是否是真实的系统缺陷。如果是系统缺陷,就提交开发人员修复;如果不是系统缺陷,就检查自动化测试脚本或者测试环境。

(7)追踪测试 Bug

测试记录的 Bug 要记录到缺陷管理工具中去,以便定期追踪处理。开发人员修复后,需要对此问题执行回归测试,就是重复执行一次该问题对应的脚本,执行通过则关闭,否则继续修改。如果问题的修改方案与客户达成一致,但与原来的需求有所偏离,那么在回归测试前,还需要对脚本进行必要的修改和调试。

7.2.5　自动化测试工具 Selenium

Selenium 是由 ThoughtWorks 公司开发的一套开源的基于 Web 应用的测试工具集。Selenium 主要用于 Web 应用程序的功能测试,它能够直接在浏览器上运行,可以支持在 Firefox、Chrome、IE、Opera、Safari 等多种浏览器环境下完成测试任务,同时还支持 Windows、Linux、Mac 等多种操作系统平台,这样就极大地方便了测试人员对 Web 应用程序完成跨平台、跨浏览器的兼容性测试。除此之外,Selenium 还提供了一系列定位方法,这些方法能够快速、高效地定位到 Web 应用程序的图形用户界面上的界面元素。因此,测试人员可以使用这些调用函数来开发相应的测试用例脚本,通过模拟人工测试的操作步骤,进而实现测试任务的自动化执行。另外,Selenium 还支持多种测试用例脚本开发语言,如 Java、Python、Ruby、Perl、. Net 等,这样就大大增加了 Selenium 的应用范围。习惯于不同编程语言的测试人员可以根据 Web 软件开发项目的实际情况来选择合适的程序语言来开发测试用例脚本程序,完成测试任务。

Selenium 最早是由 Jason Huggins 在 2004 年发起的,目的是提高公司内部应用的测试效率,起初他开发了一个名为 JavaScript TestRunner 的测试工具来驱动浏览器。

在接下来的时间里,Selenium 得了许多改进,因为 Selenium 最早是由纯 JS 来编写的,为了绕过浏览器的限定和 JS 的沙箱策略,不得不与被测服务器部署在一起,十分不方便,因此他们编写了 HTTP 代理,这就是我们熟悉的 Selenium RC,也就是 Selenium1. 0。

到了 2007 年,一位名叫 Simon Stewart 的工程师发起了一个名叫 Web Driver 的项目,Simon 希望通过浏览器操作系统的底层方法和一些手段来直接操作浏览器,这样就避免了 Selenium1. 0 存在的那些限制。

在之后的一段时间内,Selenium 也得到了长足的发展。在 2008 年,Philippe Hanri-gou 创造了 Selenium Grid,这使得工程师可以在任意数量的本地或者远程主机上并行运行多个 Selenium 测试,大大提高了测试的效率。

终于,在 2009 年谷歌自动化测试的会议上,Selenium 和 Web Driver 合二为一,相互取长补短,新的项目被称为"Selenuium Web Driver",也就是我们熟知的 Selenium2.0。因为其优异的特性,以及各类成熟的应用,发展到今天已经成了最主流的 Web 自动化测试工具。

从 Selenium 的发展历程中,我们可以得到 Selenium 的典型工具集,分别是:

(1) Selenium IDE

Selenium IDE 是编写 Selenium 测试脚本的开发环境,它作为 Firefox 插件为用户提供一个简单、易用的开发和运行个人测试用例的集成环境。它可以将测试人员在 Web 页面上完成的手工操作录制下来,通过回放来完成测试工作。Selenium IDE 本身只能在 Firefox 浏览器中使用,它在录制过程中会生成 html 格式的脚本,利用脚本中的定位函数在 Firefox 浏览器上回放运行,进行自动化测试。此外,Selenium IDE 还提供了将录制好的测试脚本转成其他程序语言格式的功能。因此,测试人员即便对测试脚本开发所使用的程序语言不太了解,也能够轻松地完成测试脚本的编写工作,这极大地降低了整个测试工作的难度。

(2)Selenium RC

Selenium RC(Selenium Remote Control),又称为 Selenium1.0,它使用编程语言来编写脚本,它在浏览器中运行 JavaScript,使用浏览器内置的 JS 解释器来翻译测试脚本和执行测试;它可以创建比 Selenium IDE 更为复杂的测试用例,可以添加条件语句和迭代以进行测试,也可以支持数据集运行测试;它支持多种不同的操作系统,可以启动不同的浏览器实例,也支持使用多种语言进行脚本编写,非常灵活。

(3)Selenium Grid

Selenium Grid 基于 Selenium,是在 Selenium RC 的基础上开发出来的,具备 Selenium RC 的所有优点。它支持运行多个 Selenium Remote Control,这样就可以很方便地同时在多台机器和不同的环境中并行运行多个测试脚本,用来对测试脚本做分布式处理。Selenium Grid 既扩展了执行测试用例程序的测试平台数量,又大幅缩短了测试脚本运行时间,因此极大地提升了整个测试工作的执行效率。

(4)Selenium Web Driver

Selenium Web Driver,又称为 Selenium2.0,是在 Selenium RC 的基础上融合了 Web Driver 后推出的升级版本。Selenium Web Driver 本身就是一个工具包,它通过原生的浏览器支持或者浏览器拓展,直接控制浏览器,取代了被嵌入被测应用中的 JS 脚本;与浏览器更紧密的集成,使它支持创建更高级的测试,避免了因为 JS 脚本安全模型导致的限制;除了来自浏览器厂商的支持外,Web Driver 还可以利用操作系统级的调用模拟用户的输入;Selenium Web Driver 支持不同的编程语言来编写测试脚本(如 Python、Java 等);支持向前兼容,保留了 Selenium RC 中的一些特性,功能更加强大,运行更加快捷,且开源、免费。可以用它编写强大的测试脚本,同时能够跟其他工具结合使用,甚至可以根据需求进行复杂的分布式执行操作,是当下最受欢迎的 Web 自动化测试工具。

由于 Selenium Web Driver 的各种优秀特性,其已经成为 Web 自动化测试的主要工具,纵观各大招聘网站上的信息,能够使用 Selenium Web Driver 也已经成为测试工程师

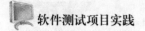

必须掌握的一项技能。

本章任务实施部分将重点介绍使用 Selenium 自动化测试工具执行功能测试。

7.3 任务实施

7.3.1 任务流程

①Selenium 运行环境配置与安装。

②自动化测试脚本编写与执行。

③自动化测试结果分析。

7.3.2 任务步骤

7.3.2.1 运行环境配置与安装

本章运用 Selenium＋Python＋Eclipse 环境执行自动化功能测试。

（1）下载 Python 并安装

本书使用 Python3.7.3 版本,官网下载地址:https://www.python.org/down-loads/。根据自己电脑的情况选择 32bit 或者 64bit 的安装包。下载好 Python 的安装包之后,直接双击即可完成安装,建议选择默认安装,直接点"下一步"即可。安装好 Python 之后,就配置 Python 的环境变量。只需把 Python 的安装路径追加到 Path 系统变量中即可,如图 7-2 所示。

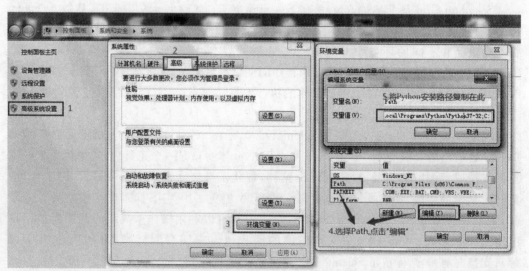

图 7-2 配置 Python 环境变量

配置好后,进行安装验证。如图 7-3 所示。

图 7-3　安装验证

（2）下载安装 Python 包管理工具：pip20.1.1

pip 是 Python 包管理工具，该工具提供了对 Python 包的查找、下载、安装、卸载的功能，可以很方便地安装和管理各种三方库。其可以从网站 https://pypi.org/project/pip/ 下载安装。

下载完成后，将得到一个压缩包，将压缩包进行解压。打开控制台，使用 cd 命令进入解压后的文件目录，然后输入"python setup.py install"命令，进行安装。

注意：安装完成后，在控制台输入"python-m pip—version"命令，如果显示"pip"不是内部命令，也不是可运行的程序，说明缺少环境变量。这时，需要在系统环境变量 Path 中添加环境变量：C:\Users\admin\AppData\Local\Programs\Python\Python37-32\Scripts，添加完成后，再次执行"python-m pip—version"命令，如果控制台输出 pip 的版本号，说明安装成功。

目前，Python3.x 安装后就会默认有 pip（pip.exe 默认在 Python 的 Scripts 路径下），然后使用 pip 安装 Selenium。

（3）下载 Selenium

本书使用 Selenium3.141 版本，官网下载地址：https://pypi.org/project/selenium/#files。

下载完成后，通过"pip install selenium"执行安装。

可使用以下命令查看是否安装成功：pip show selenium。

（4）下载安装 Firefox 59.0

因安装最新 Firefox 与 Selenium 兼容有问题。下载 Web Driver 驱动，并放入浏览器安装目录下。geckodriver.exe 可从 https://github.com/mozilla/geckodriver/releases 下载。

配置驱动环境变量：

C:\Users\Administrator\AppData\Local\Google\Chrome\Application。

C:\Program Files\Mozilla Firefox。

(5)下载 Eclipse

Eclipse 集成开发环境：Eclipse IDE for Java Developers-2020-06。

官网下载地址：http://www.eclipse.org/downloads/。下载完成后，直接双击即可运行。首次运行的时候，会出现一个欢迎界面，并提示选择 workspace 的存储路径。这个路径可以根据自己的情况设置，建议这个路径不要含有中文字符，否则以后的项目在运行过程中有可能会出错。

(6)JDK 环境配置

下载 JDK，下载地址：http://www.oracle.com/technetwork/java/javase/downloads/index.html，直接双击"安装"，建议直接点"下一步"，选择默认路径安装。安装好JDK 之后，配置 JDK 的环境变量。

新增系统变量：变量 JAVA_HOME 值：C:\Program Files\Java\jdk1.8.0_201，要根据你自己的安装路径来选这个值。

变量 CLASSPATH 值：.;%JAVA_HOME%\lib\dt.jar;%JAVA_HOME%\lib\tools.jar，记住前面有个"."代表当前路径。

编辑变量 Path 添加 %JAVA_HOME%\bin;%JAVA_HOME%\jre\bin。

经过这些步骤之后，JDK 环境变量就配置成功了。在 cmd 命令窗口分别敲入 java、javac，如果都提示帮助信息，则表示配置成功；如果提示命令不存在，则表示配置不成功。

(7)Eclipse 中集成 python 环境

在 Eclipse 的菜单栏中，单击"Help→Eclipse Marketplace"，如图 7-4 所示。

在弹出的窗口中，会有一个搜索框，如图 7-5 所示，在里面输入"PyDev"，这个主要是用来搜索 PyDev 的，搜索到之后，就单击"Installed"。

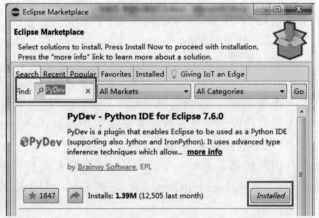

图 7-4　选择 "Eclipse Marketplace"　　　　图 7-5　查找并安装 PyDev

安装之后就重新启动 Eclipse,然后在 Eclipse 菜单中选择"Windows→Preferences→ PyDev→Interpreters→Python Interpreter",进行配置,如图 7-6 所示。

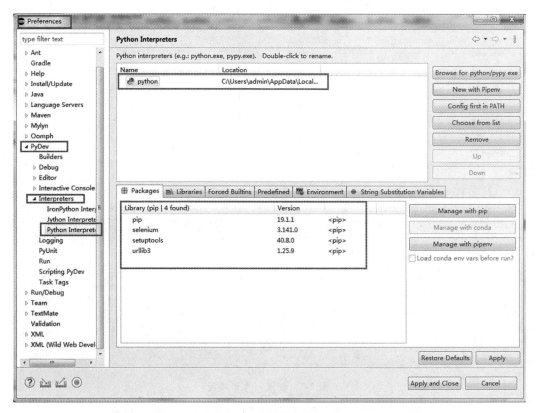

图 7-6 配置完成 PyDev

7.3.2.2 执行自动化测试

成功设置首选项后,可以开始使用 Python 创建一个新项目。

(1)创建一个新项目

启动 Eclipse,点击文件菜单"File"→新建"New",然后在弹出菜单中选择其他选项 "Other",如图 7-7 所示。

单击"Other",将打开"New"窗口,在其中展开"PyDev"并选择"PyDev Project",然后 单击"Next",如图 7-8 所示。

输入项目名称,然后单击"Finish",如图 7-9 所示。

创建完成 Python 项目 Selenium Test,接下来将创建一个新的 Python 包。

(2)创建 Python 包

右键单击新创建的项目(Selenium Test),转到"New",选择"PyDev Package",如 图 7-10 所示。

输入 PyDev Package 软件包的名称,然后单击"完成"按钮,如图 7-11 所示。

创建完成,如图 7-12 所示。

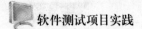

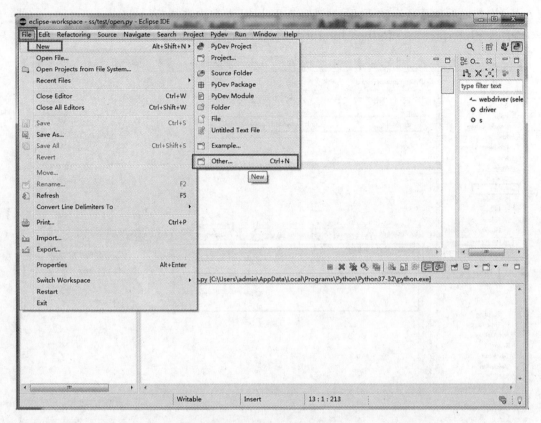

图 7-7　创建一个新项目

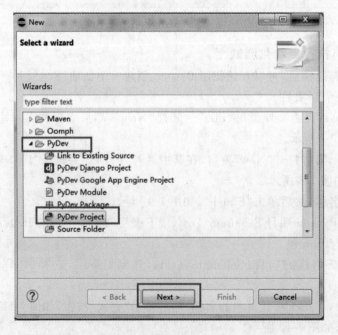

图 7-8　创建 PyDev Project

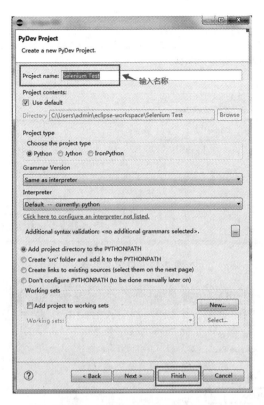

图 7-9　创建 Selenium Test 项目

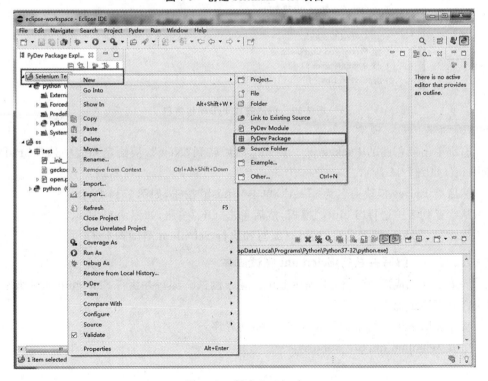

图 7-10　创建 Python 包

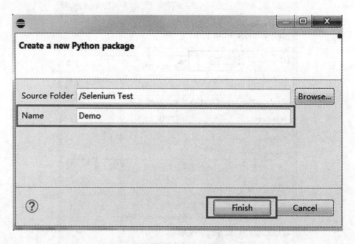

图 7-11　自定义名称

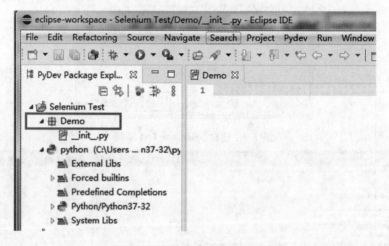

图 7-12　创建完成 PyDev 程序包

（3）创建 PyDev 模块

右键单击新创建的 Package——Demo，然后转到"New"，从给定列表中选择"PyDev Module"，如图 7-13 所示。

然后给 PyDev 模块命名为"Test"，单击"Finish"按钮，如图 7-14 所示。

从给定列表中选择"Empty"模板，然后单击"OK"按钮，如图 7-15 所示。

创建完 Python 模型之后，就可以编写和执行 Selenium 测试脚本了。

7.3.2.3　编写并执行 Selenium 测试脚本

环境配置完成后，将在应用程序上执行登录测试。编写并执行 Selenium 测试脚本自动执行以下测试操作。

首先在以下语句的帮助下导入 Web 驱动程序：

from selenium import webdriver

210

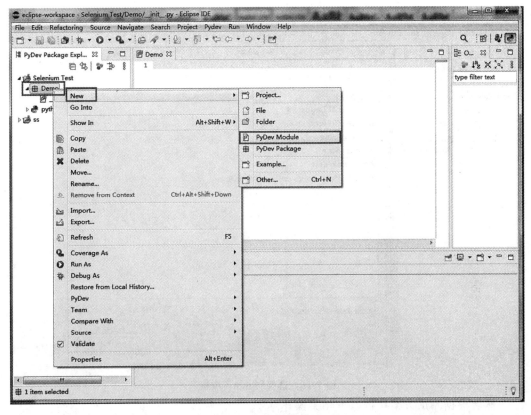

图 7-13　创建 PyDev 模块

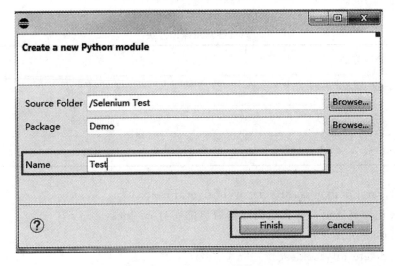

图 7-14　创建 PyDev 模块 Test

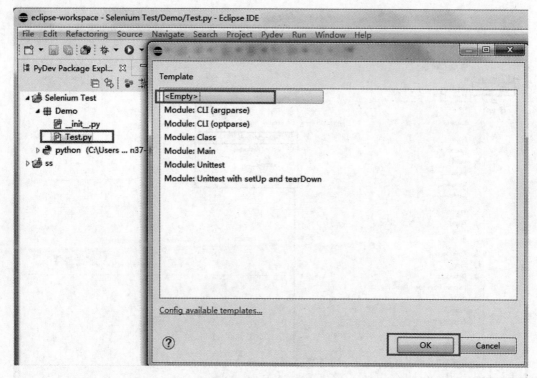

图 7-15   选择"Empty"模板

然后根据测试方案执行以下相关操作:

(1)浏览器基本操作(如打开浏览器、输入地址、网页最大化等)

浏览器常用操作方法如表 7-2 所示。

表 7-2   浏览器常用操作方法

方法	描述
driver. maximize_window()	窗口最大化
driver. back()	页面返回
driver. forward()	页面前进

①打开 Firefox 浏览器:driver＝webdriver. Firefox()。

②最大化浏览器窗口并删除浏览器窗口的所有 cookies:

driver. maximize_window()

driver. delete_all_cookies()

③输入 URL 地址链接,导航到"学生信息管理系统"Web 应用程序:

driver. get('http://www. baidu. com/')

如图 7-16 所示。

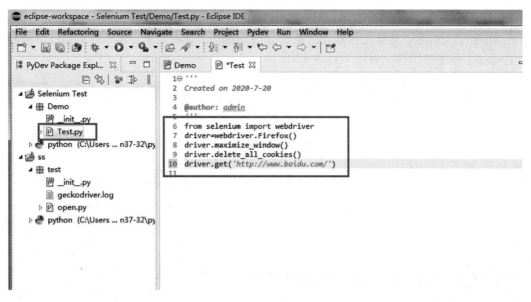

图 7-16　浏览器基本操作

（2）Selenium 元素定位

元素定位是自动化测试核心部分，要想操作一个元素，首先应该识别这个元素。WebDriver 提供了一系列元素定位方法，常用的有以下几种，如表 7-3 所示。

表 7-3 　　　　　　　　　　**Selenium 元素及定位方法**

元素名称	WebDriver API
id	find_element_by_id()
name	find_element_by_name()
class name	find_element_by_class_name()
tag name	find_element_by_tag_name()
link text	find_element_by_link_text()
partial link text	find_element_by_partial_link_text()
xpath	find_element_by_xpath()
css selector	find_element_by_css_selector()

Selenium 元素操作方式如表 7-4 所示。

表 7-4 　　　　　　　　　　　　**Selenium 元素操作方式**

方法	说明	范例
clear	清除元素内容	ele. clear()
send_keys	模拟按键输入	ele. send_keys('dapump')
click	点击	b. click
submit	提交表单	—
back	返回/回退上个页面	b. back()

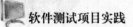

打开百度首页,点击右上角,点击开发者工具,就可以看到整个页面的 HTML 代码了,如图 7-17 所示。移动光标到百度搜索框,右键单击"查看元素",就可以看到搜索框的 id、name、class 等属性。如图 7-18 所示。

图 7-17 开发者工具模式

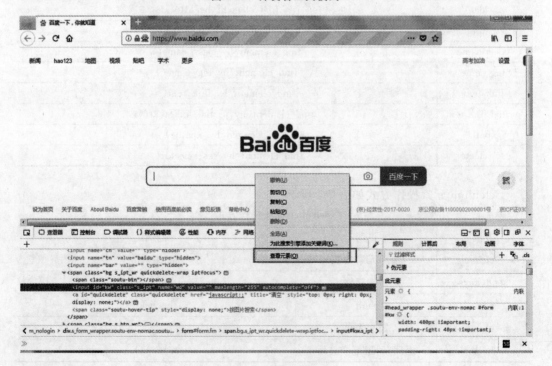

图 7-18 查看页面元素

①id 定位：find_element_by_id()。如图 7-19 所示。

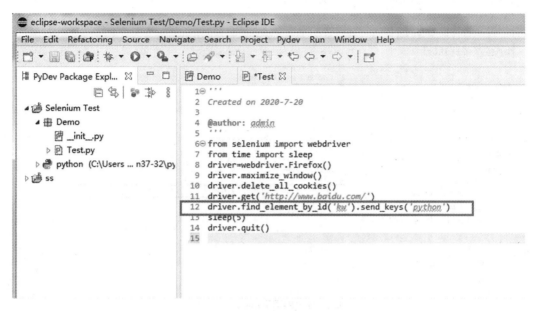

图 7-19　id 定位

②name 定位：find_element_by_name()。如图 7-20、图 7-21 所示。

从上面定位到的搜索框属性中，可以看到有个 name＝"wd"的属性，我们可以通过这个 name 定位到这个搜索框。

图 7-20　name 元素定位

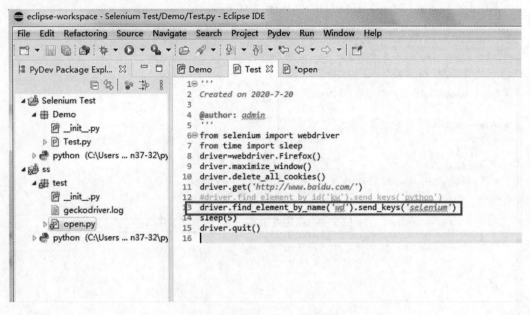

图 7-21　编写 name 定位脚本

③class 定位：find_element_by_class_name()。如图 7-22 所示。

从上面定位到的搜索框属性中，有个 class＝"s_ipt"的属性，可以通过这个 class 定位到这个搜索框。

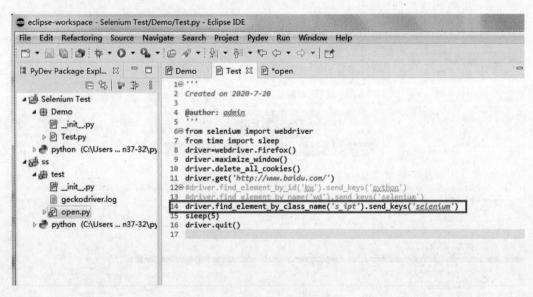

图 7-22　class 定位

④tag 定位：find_element_by_tag_name()。

HTML 是通过 tag 来定义功能的，比如 input 是输入，table 是表格等。每个元素其实就是一个 tag，一个 tag 往往用来定义一类功能，我们查看百度首页的 HTML 代码，可以看到有很多 div、input 等 tag，所以很难通过 tag 去区分不同的元素。从实际项目中自动化脚本开发来看,使用这个方法能定位到元素的机会比较少,知道有这么一种方法就好。如图 7-23、图 7-24 所示。

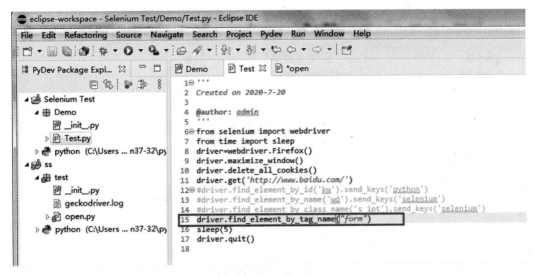

图 7-23　tag 定位脚本 1

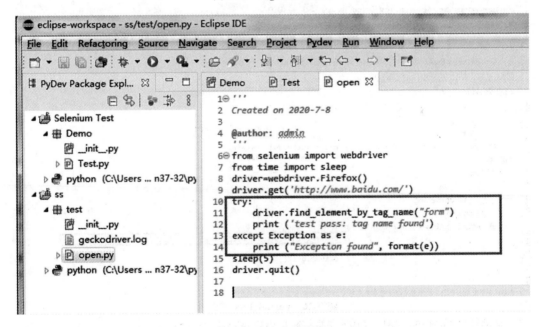

图 7-24　tag 定位脚本 2

注:form 是 tag name。

⑤link 定位:find_element_by_link_text()。如图 7-25 所示。

这种方法是专门用来定位文本链接的,比如百度首页右上角有"新闻""hao123""地图"等链接。

⑥partial_link 定位:find_element_by_partial_link_text()。如图 7-26 所示。

这个方法是上一个方法的扩展。当不能准确知道超链接上的文本信息或者只想通

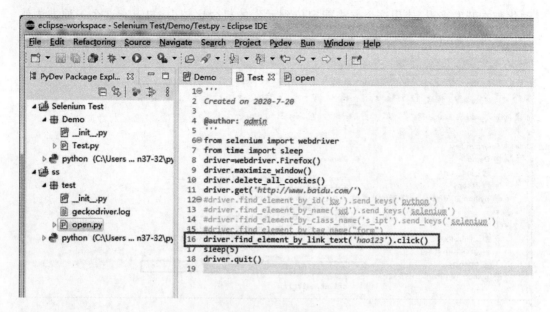

图 7-25 link 定位

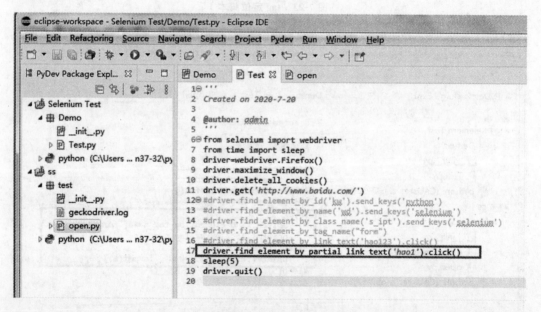

图 7-26 partial_link 定位

过一些关键字进行匹配时,可以使用这个方法通过部分链接文字进行匹配。

⑦XPath 定位:find_element_by_xpath()。

XPath 不是 Selenium 专用,只是作为一种定位手段,为 Selenium 所用。XPath 是一门在 XML 文档中查找信息的语言。XPath 可用来在 XML 文档中对元素和属性进行遍历。由于 HTML 的层次结构与 XML 的层次结构天然一致,因此使用 XPath 也能够进行 HTML 元素的定位。

a. XPath 绝对路径定位。

html 节点为根节点。页面当中节点与其他节点可以有祖先、父辈、兄弟、后代这样的关系存在,类似于人类的家庭关系。

XPath 路径表达式如表 7-5 所示。

表 7-5 **XPath 路径表达式**

表达式	描述
nodename	选取此节点的所有子节点
/	从根节点选取
//	从匹配选择的当前节点选择文档中的节点,而不考虑它们的位置
.	选取当前节点
..	选取当前节点的父节点
@	选取属性

基本格式:driver. find_element_by_xpath("绝对路径")。

如:driver. find_element_by_xpath('/html/body/div/input[@value="查询"]')。

上述 XPath 定位表达式从 html dom 树的根节点(html 节点)开始逐层查找,最后定位到"查询"按钮节点。路径表达式"/"表示根节点。

如:driver. find_element_by_xpath("/html/body/div[x]/form/input")。

"x"代表第 x 个 div 标签,注意,索引从 1 开始而不是 0。

使用绝对路径定位页面元素的好处在于可以验证页面是否发生变化。如果页面结构发生变化,可能会造成原先有效的 XPath 表达式失败。使用绝对历经定位是十分脆弱的,因为即便页面代码结构只发生了微小的变化,也可能会造成原先有效的 XPath 定位表达式定位失败。因此,并不推荐使用。

b. XPath 相对路径定位。

相对路径,以'//'开头,基本格式:driver. find_element_by_XPath("//标签"),如:driver. find_element_by_xpath('//div[@value='查询']')。

上述 XPath 定位表达式中"//"表示从匹配选择的当前节点开始选择文档中的节点,而不考虑它们的位置。input[@value="查询"]表示定位 value 值为"查询"两个字的 input 页面元素。

如:driver. find_element_by_xpath("//input[x]")。

定位第 x 个 input 标签,[x]可以省略,默认为第一个。

相对路径的长度和开始位置并不受限制,也可以采取以下方法:

driver. find_element_by_xpath("//div[x]/form[x]/input[x]"),[x]依然是可以省略的。

取相对路径可以降低 XPath 失效可能性,但可能产生多个元素匹配以致元素取错,这就需要判断该 XPath 是否可用了。

c. XPath 通过元素属性定位。

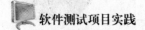

XPath 通配符可以用来选取未知的 XML 元素,如表 7-6 所示。

表 7-6　　　　　　　　　　　　　　XPath 通配符

通配符	描述
*	匹配任何元素的节点
@*	匹配任何属性的节点
node()	匹配任何类型的节点

对于页面元素,可用 XPath 表示为 html 标签的属性值来定位,查看如下几个 XPath 的表示法:

XPath 可以通过元素的属性来定位,如 id、name、class、type 等属性,元素的任意属性值都可以通过 XPath 来定位,只要这个属性值能唯一标识一个元素,如图 7-27 所示。

下面仍以百度首页的搜索框为例,用 xpath 通过不同属性来定位它。

用 xpath 通过 id 属性来定位搜索框:

driver.find_element_by_xpath("//*[@id='kw']").send_keys('selenium')

用 xpath 通过 name 属性来定位搜索框:

driver.find_element_by_xpath("//*[@name='wd']").send_keys('selenium')

用 xpath 通过 class 属性来定位搜索框:

driver.find_element_by_xpath("//*[@class='s_ipt']").send_keys('selenium')

用 xpath 通过 maxlength 属性来定位搜索框:

driver.find_element_by_xpath("//*[@maxlength='255']").send_keys('selenium')

用 xpath 通过 autocomplete 属性来定位搜索框:

driver.find_element_by_xpath("//*[@autocomplete='off']").send_keys('selenium')

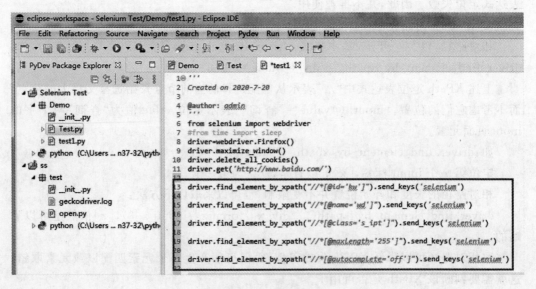

图 7-27　XPath 定位脚本

⑧CSS定位：find_element_by_css_selector()，如图7-28所示。

CSS定位方式和XPath定位方式基本相同，只是CSS定位表达式有其自己的格式。CSS定位方式拥有比XPath定位速度快，且比XPath稳定的特性。

如：通过CSS定位搜索框，并输入"selenium"。

driver. find_element_by_css_selector(′＃kw′). send_keys(′selenium′)

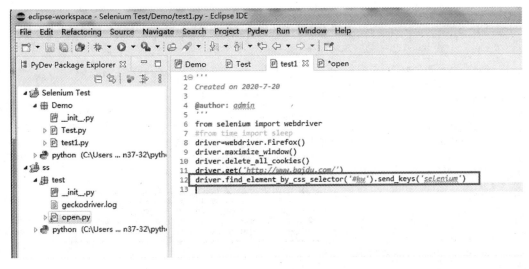

图 7-28　CSS 定位

XPath定位和CSS定位很相似，XPath功能更强大一些，但CSS定位方式执行速度更快。而某些浏览器不支持CSS定位方式，并且一般在自动化测试实施过程中使用XPath定位方式要比CSS定位方式更普遍。XPath和CSS定位比较如表7-7所示。

表 7-7　　　　　　　　　　　　　**XPath 和 CSS 定位比较**

定位元素目标	XPath	CSS
所有元素	//*	*
所有 div 元素	//div	div
所有 div 元素子元素	//div/*	div＞*
根据 ID 属性获取元素	//*[@id=″]	div＃id
根据 class 属性获取元素	//*[@class=″]	div.class
拥有某个属性的元素	//*[@href=″]	*[href=″]
所有 div 元素的第一个子元素	//div/*[1]	div＞*:first−child
所有拥有子元素 a 的 div 元素	//div[a]	无法实现
input 的下一个兄弟元素	//input/following−sibling::[1]	input＋*

（3）Selenium 鼠标和键盘模拟操作

①鼠标操作。

a.点击（鼠标左键）页面按钮：click()。

b. 清空输入框：clear()。

c. 输入字符串：send_keys()。

d. 模拟回车键：submit()。

打开百度，搜索栏输入关键字"Selenium"后，模拟按回车键执行搜索，如图 7-29 所示。

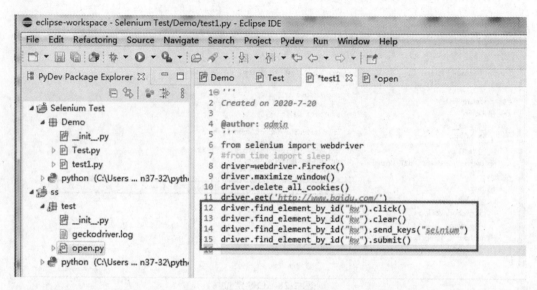

图 7-29　Selenium 鼠标操作

鼠标不仅仅可以点击(click)，还有其他的操作，如鼠标右击、双击、拖动等。

鼠标事件需要先导入模块：

from selenium. webdriver. common. action_chains import ActionChains

ActionChains(driver)：用于生成模拟用户行为。

perform()：执行存储行为。

如表 7-8 所示。

表 7-8　　　　　　　　　　　　　　鼠标操作表达式

表达式	说明
context_click()	右击
double_click()	双击
drag_and_drop()	拖动
move_to_element()	鼠标悬停在一个元素上
click_and_hold()	在一个元素上按下鼠标左键

如执行右击操作，如图 7-30 所示。

②键盘操作。

Selenium 提供了一整套的模拟键盘操作事件。

模拟键盘的操作需要先导入键盘模块：

from selenium. webdriver. common. keys import Keys

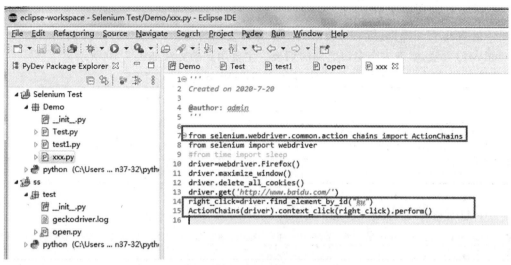

图 7-30　对定位到的元素进行右击操作

键盘操作表达式如表 7-9、图 7-31 所示。

表 7-9　　　　　　　　　　　　　　　　**键盘操作表达式**

表达式	说明
send_keys(Keys. BACK_SPACE)	退格键
send_keys(Keys. CONTRL, 'a')	全选
send_keys(Keys. CONTRL, 'v')	粘贴
send_keys(Keys. CONTRL, 'c')	复制
send_keys(Keys. CONTRL, 'x')	剪切
send_keys(Keys. ENTER)	回车
Tab：send_keys(Keys. TAB)	制表键

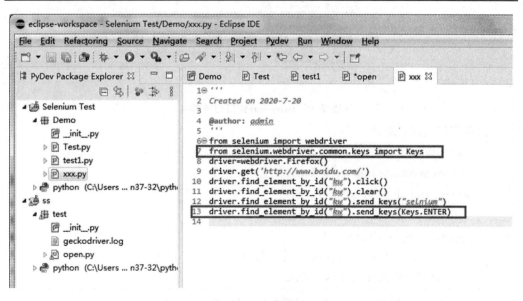

图 7-31　回车操作

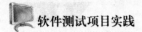

（4）Selenium 窗口切换

在 Web 页面操作过程中，会遇到多个窗口之间的切换，WebDriver 提供 switch_to_window()方法，实现多个窗口之间的切换。主要用到的方法如表 7-10 所示。

表 7-10   **Selenium 窗口切换表达式**

表达式	说明
current_window_handle	获得当前窗口句柄
window_handles	返回所有窗口的句柄到当前会话
switch_to. window()	切换窗口函数

执行窗口切换脚本，如图 7-32 所示。

图 7-32   Selenium 窗口切换脚本

具体代码及注释如下：

```
# coding=utf8
from selenium import webdriver
from time import sleep
driver = webdriver. Firefox()
driver. implicitly_wait(10)
driver. get("http://xueshu. baidu. com/")
# 获得百度学术搜索窗口句柄
search_windows = driver. current_window_handle
```

```
sleep(2)
driver.find_element_by_link_text('注册').click()
sleep(2)
# 获得当前所有打开的窗口的句柄
all_handles = driver.window_handles
# 进入注册窗口
for handle in all_handles:
    if handle! = search_windows:
        print('now is register window!')
        sleep(2)
# 回到学术搜索窗口
for handle in all_handles:
    if handle == search_windows:
        driver.switch_to.window(search_windows)
        sleep(2)
        print("now is search window!")
        driver.find_element_by_id('kw').send_keys('selenium')
        driver.find_element_by_id('su').click()
        sleep(2)
driver.quit()
```

以上代码中：

WebDriver 提供了 switch_to.window()方法，可以实现在不同的窗口之间切换。举例中，涉及的方法如下：

current_window_handle：获得当前窗口句柄。

window_handles：返回所有窗口的句柄到当前会话。

（5）Selenium 窗口切换登录页面自动化测试

根据以上所学内容，执行学生信息管理系统登录页面自动化测试。如图 7-33 所示。

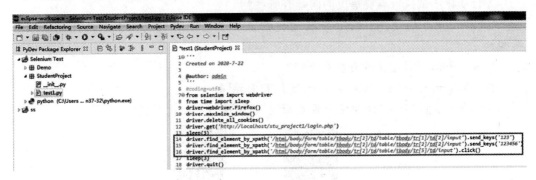

图 7-33　自动登录测试脚本

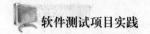

7.3.2.4　自动化测试报告编写

自动化测试报告可以通过人工编写和自动生成两种模式呈现。

根据自动化测试情况,参考自动化测试报告模板,按要求编写自动化测试脚本并将全部脚本粘贴到自动化测试报告中,完成自动化测试报告的编写。

自动化执行后可自动生成测试报告供检测执行的效果。

①可以通过 HTMLTestRunner,第三方的 unittest HTML 报告库完成。

首先需要下载 HTMLTestRunner. py(http://tungwaiyip. info/software/HTML-TestRunner. html),下载完成后,将下载的文件保存到 C 盘\Python37\Lib 目录下(即 Python 安装目录 C:\Program Files\Python\Python37\Lib),通过编写 Selenium 脚本,生成 HTML 测试报告。

②可以通过 BeautifulReport 模块输出报告。

下载链接为 https://github. com/TesterlifeRaymond/BeautifulReport。

将下载好的 BeautifulReport 包放到 Python 安装目录的 site-packages 下面,通过编写 Selenium 脚本,生成测试报告。

7.4　总结与思考

本章重点介绍了自动化测试的基本知识,并对目前主流的 Web 应用自动化测试框架和自动化测试工具进行了比较分析,结合实际工作应用,重点介绍了自动化测试工具 Selenium 的应用方法和技巧,以及 Selenium＋Python＋Eclipse 环境的配置与安装,Selenium 测试脚本的编写,如元素的定位方法,鼠标、键盘的操作,多窗口的切换等内容。通过本章的学习,学生能够更好地理解自动化测试的含义,更熟练地掌握 Selenium 自动化测试工具的应用。

通过本章学习,思考以下问题:

①谈谈对自动化测试的认识和理解。

②谈谈自动化测试的优点、缺点和适用场合。

③自动化测试执行需要解决的问题有哪些?

④Selenium＋Python＋Eclipse 自动化测试环境配置的难点和重点及注意事项有哪些?

⑤Selenium 元素定位的方法有哪些?

⑥Selenium 中 XPath 定位和 CSS 定位有何异同?

⑦结合所学内容,对"学生信息管理系统"尝试执行自动化测试。

移动 App 测试　　　　　　附录

参 考 文 献

[1] 朱少民.软件测试方法和技术[M].北京:清华大学出版社,2014.

[2] 朱二喜.软件测试技术情境式教程[M].北京:电子工业出版社,2018.

[3] 苏秀芝,刘群,左国才.基于新信息技术的软件测试技术[M].西安:西安电子科技大学出版社,2020.

[4] 兰景英.软件测试实践教程[M].北京:清华大学出版社,2016.

[5] 李龙,黎连业.软件测试使用技术与常用模板[M].北京:机械工业出版社,2018.

[6] 于涌.软件性能测试与 LoadRunner 实战教程[M].北京:人民邮电出版社,2019.

[7] 巴约·艾林勒.JMeter 性能测试实践[M].黄鹏,译.北京:人民邮电出版社,2020.

[8] 郑文强,周震漪,马均飞.高级软件测试管理[M].北京:清华大学出版社,2017.

[9] 江楚.零基础快速入行入职软件测试工程师[M].北京:人民邮电出版社,2020.

[10] 朱少民.全程软件测试[M].3 版.北京:人民邮电出版社,2019.

[11] Glenford J Myers,Tom Badgett,Corey Sandler.软件测试的艺术[M].张晓明,黄琳,译.原书第 3 版.北京:机械工业出版社,2012.

[12] 王柳人.软件测试技术实战汇编[M].北京:清华大学出版社,2017.

[13] 杨怀洲.软件测试技术[M].北京:清华大学出版社,2019.

[14] Andreas Spillner,Tilo Linz,Hans Schaefer.软件测试基础教程[M].刘琴,周震漪,马均飞,等译.2 版.北京:人民邮电出版社,2009.

[15] 陈英,王顺,王璐,等.软件测试实验实训指南[M].北京:清华大学出版社,2018.

[16] 李尤丰,张燕,洪蕾,等.软件需求工程:理论与实践[M].北京:高等教育出版社,2019.